Michael Rose
Prozeßautomatisierung
mit DIN-Meßbus und
INTERBUS-S

Michael Rose

Prozeß-automatisierung mit DIN-Meßbus und INTERBUS-S

Hüthig Buch Verlag Heidelberg

Michael Rose, Jahrgang 1955, war nach der Ausbildung als Energieanlagenelektroniker längere Zeit als Entwicklungsingenieur einer Firma im Bereich der industriellen Steuerungstechnik tätig. Ab Januar 1986 leitete er die Entwicklungsabteilung des gleichen Unternehmens. Im November 1991 gründete er sein eigenes Unternehmen im Bereich Hard- und Softwareentwicklung.

Diejenigen Bezeichnungen von im Buch genannten Erzeugnissen, die zugleich eingetragene Warenzeichen sind, wurden nicht besonders kenntlich gemacht. Es kann also aus dem Fehlen der Markierung ® nicht geschlossen werden, daß die Bezeichnung ein freier Warenname ist. Ebensowenig ist zu entnehmen, ob Patente oder Gebrauchsmusterschutz vorliegen.

Verlag, Übersetzer und Autoren haben mit größter Sorgfalt die Texte, Abbildungen, Programme und Hardware erarbeitet. Dennoch können Fehler nicht völlig ausgeschlossen werden. Die Hüthig Buch Verlag GmbH übernimmt deshalb weder eine juristische Verantwortung noch irgendeine Garantie für die Informationen, Abbildungen und Programme und Hardware weder ausdrücklich noch unausgesprochen, in Bezug auf ihre Qualität, Durchführung oder Verwendbarkeit für einen bestimmten Zweck. In keinem Fall ist die Hüthig Buch Verlag GmbH für direkte, indirekte, verursachte oder gefolgte Schäden haftbar, die aus der Anwendung der Hardware, Programme oder der Dokumentation resultieren.

Die Deutsche Bibliothek - CIP-Einheitsaufnahme

Rose, Michael:
Prozessautomatisierung mit DIN-Messbus und Interbus-S /
Michael Rose. – Heidelberg : Hüthig, 1993
    ISBN 3-7785-2217-5

© 1993 Hüthig Buch Verlag GmbH, Heidelberg
Titelbildgrafik: Uwe Halla, Riedstadt
Druck: Neumann Druck, Heidelberg
Buchbinderische Verarbeitung: Buchbinderei Kränkl, Heppenheim

Vorwort

Dieses Vorwort schreibe ich ganz im Eindruck der INTERKAMA 1992. Ich habe diese Messe besucht in der Annahme, hier würde sich nun endlich zeigen, welches der vielgepriesenen Feldbussysteme sich im Markt durchsetzen würde. Diese Annahme stellte sich als falsch heraus. Das, was mir auf dieser Messe am meisten begegnete, waren enttäuschte Anwender, die vergebens nach verfügbaren Produkten für ihre Anwendungen suchten.

Fragt man die Hersteller von Schaltgeräten und Produkten der Automatisierungstechnik nach den Ursachen dieses Dilemmas, so bekommt man oft nur ein mehr oder weniger resignierendes Schulterzucken als Antwort. Welches mittelständische Unternehmen kann es sich schon leisten, seine Produkte an die gesamte Vielzahl der propagierten Bussysteme anzupassen! Da wartet man lieber ab, wie sich die Sache weiter entwickelt, und sei es nur aus Angst, voreilig aufs falsche Pferd zu setzen.

Aus diesem Grund beschäftigt sich dieses Buch zum einen mit der gesamten Vielfalt der verfügbaren Feldbussysteme und zeigt ihre spezifischen Eigenschaften auf, um die Entscheidung für ein spezifisches Feldbussystem zu erleichtern, zum anderen detailliert mit zwei aus dieser Menge herausgegriffenen Feldbussystemen, die sich gut ergänzen können: dem genormten DIN-Meßbus und dem INTERBUS-S der Firma Phoenix Contact.

Die Auswahl dieser beiden Feldbusse geschah nicht willkürlich. Es sollen in diesem Buch nur solche Systeme dargestellt werden, die es jedem Interessenten ermöglichen, seine eigene Applikation ohne überzogenen Kostenaufwand daran anzupassen. Dazu gehört eine völlige Offenlegung der Busprotokolle genauso wie die Verfügbarkeit von bezahlbaren Tools und Bauelementen, die einen einfachen und direkten Einstieg in diese Technologie erlauben. Beim DIN-Meßbus ist die Offenlegung der internen Abläufe kein Problem, da es sich schließlich um eine allgemein zugängliche Norm handelt, beim INTERBUS-S wurden mir sämtliche Informationen durch die Firma Phoenix Contact zur Verfügung gestellt.

Mein Dank gilt an dieser Stelle all denen, die bei der Beschaffung von Informationen und Material behilflich waren, dies sind in erster Linie Dr.-Ing. Robert Patzke und Dr.-Ing. Matthias Patzke für den DIN-Meßbus und Dipl.-Ing. Wolfgang Blome sowie Dipl.-Ing. Roland Bent für den INTERBUS-S.

Jugenheim, im Dezember 1992 *Michael Rose*

Inhaltsverzeichnis

Vorwort 5

1 Grundlagen 11

    1.1   Parallele und serielle Anlagenverdrahtung 11
    1.2   Netzwerktopologien 13
    1.3   Buszugriffsverfahren 15
    1.3.1   Master/Slave-Verfahren 16
    1.3.2   CSMA/CD-Verfahren 17
    1.3.3   Token-Passing 17
    1.3.4   Summenrahmenverfahren 18
    1.3.5   Nachrichtenorientierte Verfahren 18
    1.4   Anforderungen an ein Feldbussystem 19
    1.5   Feldbusstandards 20
    1.5.1   ASI 20
    1.5.2   BITBUS 21
    1.5.3   CAN 22
    1.5.4   DIN-Meßbus 24
    1.5.5   FAIS 26
    1.5.6   FIP 26
    1.5.7   IEC-Feldbus 27
    1.5.8   INTERBUS-S 28
    1.5.9   MAS 29
    1.5.10 P-NET 30
    1.5.11 PROFI-BUS 31
    1.5.12 SERCOS 32

2 DIN-Meßbus 33

    2.1   Anwendungsbereich 34
    2.2   Struktur des Bussystems 35
    2.3   Elektrische Eigenschaften 36
    2.3.1   Sender 37
    2.3.2   Empfänger 38
    2.3.3   Steckverbindungen und Kabel 39
    2.3.4   Busabschluß 41
    2.4   Übertragungsformat 42
    2.5   Steuerzeichen 45
    2.6   Ablaufsteuerung 47
    2.6.1   Aufforderungsphase 48
    2.6.2   Datenübermittlungsphase 51

2.6.3	Abschlußphase	53
2.6.4	Datensicherungsverfahren	54
2.7	Softwareverfahren	55
2.7.1	Teilnehmerprogramm	55
2.7.1.1	Teilnehmer Empfangsprogramm	56
2.7.1.2	Teilnehmer Sendeprogramm	58
2.7.2	Programm für die Leitstation	59
2.7.2.1	Leitstation Empfangsprogramm	60
2.7.2.2	Leitstation Sendeprogramm	62
2.8	Elektrische Realisierung	63
2.8.1	Bausteine für die RS 485-Schnittstelle	63
2.8.1.1	Leitungstreiber	64
2.8.1.2	Empfänger	67
2.8.1.3	Kombinierte Sender/Empfänger	69
2.8.1.4	Baustein mit galvanischer Trennung	71
2.8.1.5	Optokoppler	72
2.8.1.6	DC/DC-Wandler	73
2.8.2	Interface-Bausteine für serielle Schnittstellen	75
2.8.2.1	ACIA MC6850	75
2.8.2.2	ACIA G65SC51	80
2.8.2.3	UART 16C450	86
2.8.3	Microcontroller mit serieller Schnittstelle	91
2.8.3.1	Motorola MC68HC11	92
2.8.3.2	Microchip PIC17C42	102
2.8.3.3	Microchip PIC16C71	119
2.8.3.4	Mitsubishi M37450M	126
2.9	Bausteine mit DIN-Meßbus-Schnittstelle	130
2.9.1	8-bit-Digitalinterface DMB16551	131
2.9.2	4-Kanal-Analoginterface DMB16711	135
2.9.3	Zählerbaustein DMB16541	138
2.9.4	BCD-Konverter DMB16552	140
2.9.5	DIN-Meßbus-Controller DMB17421	142
2.9.6	Mikroprozessor MFP80C51-PD1T	143
3	**INTERBUS-S**	**145**
3.1	Anwendungsbereich	146
3.2	Struktur des Bussystems	147
3.3	Elektrische Eigenschaften	148
3.3.1	Sender	148
3.3.2	Empfänger	149
3.3.3	Steckverbindungen und Kabel	150
3.4	Übertragungsformat	152
3.5	Ablaufsteuerung	153
3.6	Datensicherungsverfahren	156

3.7		Elektrische Realisierung	156
3.7.1		Bausteine für Fern- und Peripheriebusankopplung	160
3.7.1.1		Leitungstreiber	160
3.7.1.2		Empfänger	161
3.7.1.3		Optokoppler	163
3.7.1.4		DC/DC-Wandler	164
3.7.2		Protokollchip SUPI II	165
3.7.2.1		Bauformen und Pinbelegungen	165
3.7.2.2		Taktoszillator	172
3.7.2.3		Konfiguration	172
3.7.2.4		Peripheriebus-Teilnehmer	174
3.7.2.5		Fernbus-Teilnehmer	176
3.7.2.6		Betriebsart Busklemme	178
3.7.2.7		Betriebsart I/O	180
3.7.2.8		Mikroprozessor-Interface	183
3.7.2.9		Externe Registererweiterung	190
3.7.2.10		Diagnosesignale	190
4	**Interfacekarte für PC**		**193**
4.1		Schaltungsbeschreibung	193
4.1.1		Mikroprozessorsystem	193
4.1.2		Schnittstelle RS 485	195
4.1.3		PC-Bus-Interface und Speicherlogik	195
4.2		Aufbau und Bestückung der Leiterplatte	199
4.3		Inbetriebnahme	201
4.4		Betrieb mit DIN-Meßbus	203
4.4.1		Konfiguration für DIN-Meßbus	203
4.4.2		Treibersoftware für DIN-Meßbus	204
4.5		Betrieb mit INTERBUS-S	207
4.5.1		Konfiguration für INTERBUS-S	208
4.5.2		Treibersoftware für INTERBUS-S	209
5	**Applikationen**		**213**
5.1		Applikationen für DIN-Meßbus	213
5.1.1		Temperaturerfassung	213
5.1.2		Umwandlung von analogen Einheitssignalen	215
5.1.3		Digitales I/O-Modul	216
5.1.4		32-Kanal Meßwerterfassungssystem	218
5.2		Applikationen für INTERBUS-S	220
5.2.1		Digitales I/O-Modul	220
5.2.2		Analoge Meßwerterfassung	221
5.2.3		Busklemme	222
5.2.4		INTERBUS-S Bus-Master	225

6	**Konformitätstest und Zertifizierung**		227
	6.1	DIN-Meßbus	227
	6.2	INTERBUS-S	227

Bezugsquellennachweis 229

Literaturverzeichnis 231

Stichwortverzeichnis 233

1 Grundlagen

Die fortschreitende Automatisierung von Produktionsprozessen kommt nicht mehr ohne den Einsatz von Prozeßrechnern und intelligenten Peripheriegeräten aus. Selbst einfache Sensoren und Aktoren, die häufig nur einen Informationsgehalt von einem Bit verarbeiten, werden im Zuge dieser Entwicklung mit einer minimalen Intelligenz versehen, damit sie in zukunftsweisenden vernetzten Konzepten eingesetzt werden können.

Stand am Anfang nur der Wunsch, die in der Industrie weit verbreiteten analogen Übertragungsstandards 0..20 mA und 0..10 V durch ein digitales System zu ersetzen, so werden in der Zwischenzeit wesentlich höhere Anforderungen an Feldbussystem gestellt, wie sie zum Beispiel aus der Implementierung der Übertragung von Prozeßparametern entstehen. Hier stehen vor allen Dingen höchste Anforderungen an die Sicherheit der Datenübertragung im Vordergrund, im Gegensatz zur Echtzeitübertragung von Meßwerten in Regelkreisen, die über das Feldbussystem geschlossen werden. Diese unterschiedlichen Vorstellungen und Anforderungen haben zu einer Vielzahl an verschiedenen Bussystemen und zu einer mit dieser Zahl wachsenden Verunsicherung des Anwenders geführt.

1.1 Parallele und serielle Anlagenverdrahtung

Einer der Vorteile beim praktischen Einsatz von Feldbussystemen ist die enorme Einsparung an Anlagenverdrahtung. Hieraus resultieren nicht nur kürzere Aufbauzeiten durch den reduzierten Verdrahtungsaufwand, sondern auch eine deutlich verbesserte Übersichtlichkeit der fertigen Installation, die in der Folge einen entsprechend einfacheren Service im Störungsfall nach sich zieht.

Bild 1.1 zeigt eine schematische Gegenüberstellung beider Verdrahtungsarten. In der linken Bildhälfte ist zu sehen, wie jeder Sensor, jeder Aktor und jedes Peripheriegerät mit einer eigenen Leitung an die zentrale Steuerung der Anlage oder Maschine angeschlossen ist. Bei umfangreichen Installationen kommen auf diese Weise schnell einige hundert Leitungen zusammen. Änderungen an solchen Anlagen sind nur unter großem Zeitaufwand möglich, die Flexibilität ist damit sehr gering.

Die rechte Bildhälfte zeigt als Alternative die gleichen Komponenten über einen Feldbus miteinander und mit der Steuerung verbunden. Die übersichtliche Verdrahtung spricht für sich, eine Veränderung dieser Installation ist jederzeit möglich, da jeder Teilnehmer an beliebiger Stelle des Bussystems einfach an- oder abgekoppelt werden kann. Dies kann bei vielen Bussystemen sogar während des laufenden Betriebs erfolgen, ohne daß dadurch die Kommunikation der übrigen Teilnehmer in Mitleidenschaft gezogen wird.

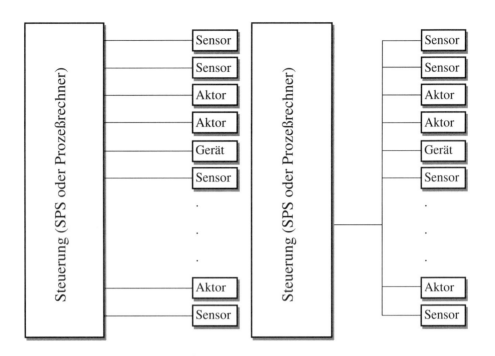

Bild 1.1 Parallele (links) und serielle (rechts) Anlagenverdrahtung im Vergleich

Die Vorteile eines Feldbussystems gegenüber einer konventionellen parallelen Verdrahtung sind für den Anwender daher vielfältig:

- Wesentliche Reduzierung des Verdrahtungsaufwands, damit Zeit- und Kostenersparnis.

- Das gesamte Bussystem wird mit Kleinspannung betrieben, die Versorgungsenergie wird den Verbrauchern getrennt zugeführt.

- Genormte Stecker- und Leitungssysteme reduzieren die Lagerhaltung.

- Umbauten und Veränderungen an Anlagen sind einfach möglich, ohne daß zusätzliche Steuerleitungen in bestehende Verdrahtungssysteme eingefügt werden müssen. Dies ist vor allem bei weitverzweigten Anlagen ein sehr wichtiger Aspekt.

1.2 Netzwerktopologien

Bei der parallelen Anlagenverdrahtung spielt die Form und Struktur der Verbindungen keine Rolle. Anders ist dies bei der seriellen Datenübertragung. Da hier mit hohen Übertragungsraten gearbeitet werden muß und daraus resultierend mit relativ hochfrequenten Signalen, spielt die Struktur der Verbindung sehr wohl eine Rolle.

Die einfachste Form einer Verbindung ist die Linie zwischen zwei Teilnehmern (Bild 1.2). Bei ausschließlich zwei Teilnehmern ist es zudem einfach, den korrekten Leitungsabschluß auf beiden Seiten zu standardisieren.

Bild 1.2 Zweipunktverbindung mit Leitungsabschluß innerhalb der Teilnehmer

Sobald mehrere Teilnehmer an einer Linienverbindung angeschlossen sind, muß der Leitungsabschluß physikalisch vom Teilnehmer getrennt werden, da er jeweils nur einmal am Anfang und am Ende der Linie vorkommen darf (Bild 1.3). Die zulässige Stichleitungslänge, mit der die einzelnen Teilnehmer an den Bus angeschlossen werden, ist begrenzt, damit sich die elektrischen Eigenschaften der Übertragungsstrecke nicht negativ verändern.

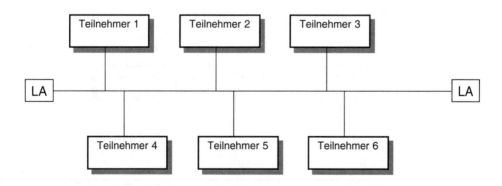

Bild 1.3 Linienstruktur mit Stichleitungen zu den einzelnen Teilnehmern. Der jeweils benötigte Leitungsabschluß wird explizit an beiden Enden der Linie ausgeführt.

Verbindet man Anfang und Ende einer linearen Verbindung, so erhält man eine Ringstruktur, die ohne Leitungsabschluß auskommt (Bild 1.4). Alle Teilnehmer werden an beliebiger Stelle des Rings angekoppelt, auch hier ist die Länge der Stichleitungen begrenzt. Veränderungen an der Netzwerkstruktur sind teilweise während des laufenden Betriebs möglich.

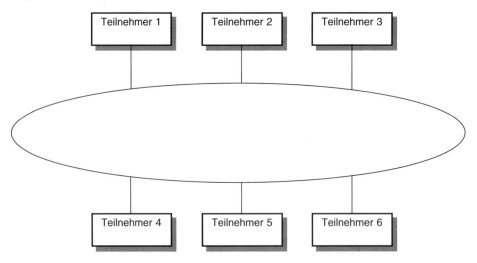

Bild 1.4 Aus der Linienstruktur entwickelter Ring. Es wird kein Leitungsabschluß mehr benötigt.

Aus der passiven Ringstruktur läßt sich die aktive Struktur in Bild 1.5 entwickeln. Streng genommen besteht dieses System aus vielen hintereinander geschalteten Linien-Verbindungen. Jeder Teilnehmer empfängt die Daten seines Vorgängers und gibt diese zusammen mit seinen eigenen Daten an seinen Nachfolger weiter, solange, bis alle Informationen beim Busmaster angekommen sind, der selbst wie jeder andere Teilnehmer mit im aktiven Ring hängt. Da jeder Teilnehmer gleichzeitig als Signalaufbereitung und Verstärker fungiert, lassen sich mit einem solchen System sehr große Leitungslängen erreichen.

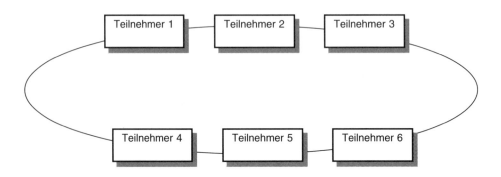

Bild 1.5 Aktive Ringstruktur

1.3 Buszugriffsverfahren

Wenn sich mehrere Teilnehmer an einem Gespräch beteiligen, dann benötigt man eine Regel, nach der jeder zu seinem Rederecht kommt, ohne daß andere benachteiligt werden. Das ist bei elektronischer Kommunikation innerhalb eines Netzwerkes nicht anders als bei einer menschlichen Gesprächsrunde. Für beide Bereiche wurden verschiedenste Strategien entwickelt, um dem angestrebten Ideal möglichst nahe zu kommen.

Für die Kommunikation über Feldbusse werden höchst unterschiedliche Anforderungen gestellt, die sich nur schwer miteinander vereinbaren lassen. Es sollen im Idealfall über den gleichen Bus übertragen werden:

- binäre Daten von Sensoren und Aktoren mit möglichst kurzer Zykluszeit;
- Meßwerte von Sensoren in zeitlich äquidistanten Abständen für über den Feldbus geschlossene Regelkreise;
- Meßwerte von intelligenten Sensoren mit eigener Signalverarbeitung mit garantierter Datensicherheit;
- umfangreiche Parametrierungsdaten für an den Feldbus angeschlossene Teilnehmer.

Für die Übertragung binärer Sensor- und Aktordaten gilt, daß bei den heutigen kurzen Prozeßzeiten eine Aktualisierung sämtlicher I/O-Signale mit Zykluszeiten unter 10 ms garantiert sein muß. Da gleichzeitig die Anzahl der I/O-Signale mit steigender Komplexität der Anlagen immer mehr zunimmt, resultiert hieraus eine hohe Datenrate, die keinen großen Protokolloverhead gestattet. Beim Auftreten einer Störung während einer Datenübertragung wird diese nicht wiederholt, da die Daten beim nächsten Zyklus erneut übertragen werden.

Für die Übertragung von Meßwerten einfacher Sensoren ist unbedingt eine zeitlich äquidistante Übertragung zu fordern, da nur so eine Weiterverarbeitung innerhalb eines Regelkreises möglich ist. Unter Berücksichtigung des Shannonschen Abtasttheorems muß die Abtastfrequenz mindestens doppelt so hoch sein wie die höchste im Meßsignal vorkommende Frequenz, für geschlossene Regelkreise ist eine weitere Verdopplung notwendig. Aus dieser Forderung resultiert eine hohe zu übertragende Datenmenge über das Feldbussystem. Man kann jetzt aber nicht einfach die Übertragungsrate beliebig weit anheben, da mit steigender Bitrate die Störempfindlichkeit und die Systemkosten sehr schnell ansteigen. Der einzig sinnvolle Ansatz kann hier nur sein, die Nutzbandbreite des eingesetzten Busprotokolls so hoch wie möglich zu halten, also einen möglichst geringen Protokolloverhead zu haben. Im Fehlerfall werden eventuell gestörte Daten nicht wiederholt, weil dadurch das Zeitraster der Datenerfassung verändert würde.

Anders sieht die Forderung aus, wenn Meßwerte mit "intelligenten" Sensoren erfaßt werden. Hierunter versteht man die Kombination von eigentlichem physikalischem Sensor mit Signalaufbereitung und eigenem Mikroprozessor. Hier ist die gesamte Meßwerterfassung und -verarbeitung in den Sensor hinein verlagert, so daß keine Abtastung über den Feldbus mehr erfolgen muß. Dadurch verschiebt sich die Anforderung an das Bussystem in den Bereich Datensicherheit.

Die Daten eines solchen "intelligenten" Sensors sind als nicht reproduzierbare Daten aufzufassen, daher ist auf eine sichere und quittierte Datenübertragung besonderer Wert zu legen. Hier steht nicht mehr die hohe Übertragungsgeschwindigkeit und der schnelle Buszugriff im Vordergrund, da Übertragungen wesentlich seltener stattfinden.

Ein vergleichbares Anforderungsprofil ist für Parametrierungsdaten zu fordern. Verschiedenste Feldgeräte, wie zum Beispiel Antriebssteuerungen, benötigen während des laufenden Betriebs nur minimale Datenmengen mit hoher Abtastfrequenz. Sie verhalten sich hier also ähnlich wie jeder andere Aktor. Nur zur Parametrierung müssen an diese Geräte umfangreiche Datenmengen übertragen werden, und zwar mit großer Übertragungssicherheit. Auch hier spielt die Übertragungsrate keine besonders große Rolle.

Es ist leicht einzusehen, daß es sehr schwierig sein muß, alle Anforderungen mit einem einzigen Feldbussystem zu erfüllen. In der Praxis ist es praktisch unmöglich. Daher wurden verschiedenste Buszugriffsverfahren entwickelt, die jeweils für einen bestimmten Anwendungsbereich ein Optimum darstellen.

1.3.1 Master/Slave-Verfahren

Das Master/Slave-Verfahren geht von einem einzigen Busmaster aus, der die gesamte Kommunikation aller Teilnehmer steuert und überwacht. Es handelt sich dabei um ein Polling-System, in dem der Busmaster zyklisch nacheinander sämtliche Teilnehmer auffordert, ihre Daten zu senden oder selbst Daten an bestimmte Teilnehmer überträgt. Die Effizienz eines solchen Systems hängt damit stark von der eingesetzten Protokollstruktur ab, da ein Großteil der Kommunikation für die Abfrage der Teilnehmer verwendet wird.

Die maximale Reaktionszeit eines solchen Systems auf ein bei einem Busteilehmer auftretendes Ereignis, zum Beispiel eine Alarmmeldung, kann aus der maximalen Nutzdatenlänge und der Anzahl der Teilnehmer errechnet werden. Damit kann das Master/Slave-Verfahren für Alarmschaltungen eingesetzt werden.

Da der gesamte Datenverkehr über den Busmaster abgewickelt wird, dies gilt auch für den Querverkehr zwischen den Teilnehmern, stehen dem Busmaster zu jedem Zeitpunkt sämtliche Nutzdaten zur Verfügung, so daß er ein lückenloses Prozeßabbild für die übergeordnete Anwendungsschicht bieten kann. Dieses Prozeßabbild kann durch den Busmaster in festen und vorbestimmbaren Zeitabständen aktualisiert werden.

1.3.2 CSMA/CD-Verfahren

Das CSMA/CD-Verfahren (Carrier Sense Multiple Access with Collision Detection) behandelt jeden Busteilnehmer gleich. Hier löst bei jedem Teilnehmer das Auftreten eines bestimmten zu meldenden Ereignisses die Datenübertragung aus. Dadurch sind die Reaktionszeiten für Einzelereignisse extrem kurz. Die Busbelastung wird grundsätzlich so niedrig wie möglich gehalten, da nur dann Daten über den Bus übertragen werden, wenn wirklich relevante Informationen vorliegen.

Bei gleichzeitigem Auftreten von Ereignissen bei mehreren Teilnehmern treten naturgemäß Konflikte auf. Dazu prüft jeder Teilnehmer vor seiner Sendung, ob der Bus frei ist (Carrier Sense). Stellt er eine laufende Aktivität fest, so wartet er deren Ende ab, bevor er selbst den Bus belegt. Sobald jetzt ein Teilnehmer zu senden beginnt, überwacht er gleichzeitig den Bus, um eine auftretende Kollision mit Daten eines anderen Teilnehmers festzustellen (Collision Detection). Kommt es zu einer Kollision, so brechen beide Teilnehmer die Übertragung ab. Der nächste Zugriff erfolgt nach einer für jeden Busteilnehmer unterschiedlich voreingestellten Wartezeit, damit dauerhafte Kollisionen vermieden werden.

Die Reaktionszeit eines CSMA/CD-Systems auf ein Ereignis ist nicht vorhersagbar. Sie ist abhängig von der Anzahl der Teilnehmer und der Anzahl gleichzeitig eintretender Ereignisse und der Länge der zugehörigen Datenübertragungen. Grundsätzlich zeigt diese Reaktionszeit mit steigender Teilnehmerzahl und steigender Busbelastung steil an. Es ist daher nicht echtzeitfähig.

1.3.3 Token-Passing

Das Token-Passing erlaubt mehrere Busmaster in einem System, die nacheinander die Kontrolle über den Bus erhalten. Dazu geben sie die Zugriffsberechtigung (das Token) nach einer in jedem Busmaster gespeicherten Liste an ihren Nachfolger weiter. Diese Liste muß in jedem Master gespeichert sein und bei der Initialisierung des Netzwerks aufgebaut werden.

Durch das sehr aufwendige Busmanagement sinkt beim Token-Passing der Nutzdatendurchsatz gegenüber anderen Systemen stark ab, wenn man die gleiche Übertragungsrate zugrunde legt. Sämtliche Busaktivitäten, die mit der Verwaltung der Zugriffsberechtigung zusammenhängen, gehen für die Übertragung von Nutzdaten verloren. Gerade für relativ geringe Datenmengen von Sensoren und Aktoren führt das komplexe Protokoll des Token-Passing zu einer schlechten Busausnutzung.

1.3.4 Summenrahmenverfahren

Speziell für die unterste Ebene von Sensor- und Aktordaten wurde das Summenrahmenverfahren entwickelt. Es handelt sich auch hier grundsätzlich um ein Master/Slave-Verfahren, wobei alle Teilnehmer ein räumlich verteiltes großes Schieberegister bilden. Das Summenrahmenverfahren setzt damit als Busstruktur den aktiven Ring voraus.

Beim Summenrahmenverfahren sendet der Busmaster ein Telegramm an den ersten Teilnehmer. Dieses Telegramm enthält für jeden Teilnehmer am Bus einen vordefinierten Datenbereich fester Länge, zum Beispiel 16 bit. Für Daten, die vom Master an einen Teilnehmer übertragen werden sollen (Aktordaten), füllt der Master diesen Datenbereich mit den entsprechenden Daten vor der Sendung auf. Daten, die von einem Teilnehmer an den Master übertragen werden sollen (Sensordaten), werden vom Teilnehmer jeweils in den für ihn im Telegramm enthaltenen Leerraum eingefügt. Auf diese Weise kommt das gesamte Telegramm nach Durchlaufen durch den Ring zum Busmaster zurück und enthält zu diesem Zeitpunkt sämtliche Daten sämtlicher Teilnehmer.

Es ist klar ersichtlich, daß dieses System für den schnellen Austausch binärer Informationen am besten geeignet ist. Durch die zyklische Abfrage aller Teilnehmer in festen Zeitabständen ist es unbeschränkt echtzeitfähig und für Regelkreise und Alarmsysteme anwendbar. Die Übertragung von komplexen Datensätzen ist mit diesem System in seiner Grundausführung nicht möglich.

1.3.5 Nachrichtenorientierte Verfahren

Man kann den Fall einer Kollision, der für die meisten Systeme einen Störfall darstellt, auch zum Normalfall machen und diesen Effekt sogar zielgerichtet ausnutzen. In solchen Fällen wird die Reihenfolge der Senderechte über die festgelegte Priorität einer fest vorgegebenen Menge an verschiedenen Nachrichten festgelegt. Das Verfahren arbeitet häufig mit Open-Collector-Ankopplung der Sender an die Busleitung, das heißt, eine logische 1 auf dem Bus wird mit einem Pull-Up-Widerstand vorgegeben, nur die logische 0 wird aktiv durch den geschalteten Sendetransistor erzeugt.

Jedes Telegramm beginnt nun mit einer Kennung, die für die Priorität der folgenden Daten bestimmend ist. Da jeder sendende Teilnehmer gleichzeitig die Busleitung abtastet, kann er sofort feststellen, wenn das von ihm ausgegebene Bitmuster nicht mit dem Status der Übertragungsleitung übereinstimmt. Es setzt sich daher bei gleichzeitig begonnener Sendung mehrerer Teilnehmer die Kennung mit den meisten Nullen durch. Wichtige Nachrichten, wie zum Beispiel Alarmmeldungen, bekommen daher niedrige Kennzahlen, unwichtige Nachrichten entsprechend hohe Kennzahlen.

1.4 Anforderungen an ein Feldbussystem

Die Anforderungen der Anwender an ein Feldbussystem sind je nach Einsatzzweck und -gebiet sehr unterschiedlich. Hier ist auch die Ursache zu suchen, warum es so schwierig, ja fast unmöglich erscheint, den *einen* internationalen Feldbus zu definieren, der sämtliche Anwendungsbereiche abdecken kann. Es scheint eher so zu sein, daß auch in Zukunft verschiedene aufeinander abgestimmte Feldbussysteme mit definierten Schnittstellen zueinander für einzelne klar abgegrenzte Aufgabengebiete eingesetzt werden.

Allen Anwendungsbereichen gemein ist die Forderung nach Zuverlässigkeit. Diese Forderung schließt auch den immer wichtiger werdenden Bereich der elektromagnetischen Verträglichkeit mit ein. Es ist ja bereits heute so, daß man von einer im Normalfall als gestört zu betrachtenden Datenübertragung ausgehen muß. Es ist daher eher anzunehmen, daß der Umfang der Störbeeinflussung weiter zunehmen wird, so daß die Qualität eines Feldbussystems immer stärker von den im Übertragungsprotokoll eingebauten Datensicherungsmechanismen abhängig wird.

Bei der Einführung immer komplexerer Technologien darf man außerdem nicht übersehen, daß man innerhalb der Betriebe immer noch mit den gleichen Menschen arbeiten muß wie zuvor. Ein Feldbussystem wird sich in der Praxis deshalb nur dann bewähren, wenn es von qualifizierten Elektrofachkräften installiert und gewartet werden kann. Es dürfen hierzu keine Ingenieurleistungen notwendig sein.

Für die Vernetzung weitläufiger Produktionsanlagen ist es wichtig, daß sich das Feldbussystem der Anlagenstruktur möglichst optimal anpassen läßt. Eine reine Linienverbindung von Feldgerät zu Feldgerät ist nicht sehr sinnvoll, es sollten Stichleitungen von begrenzter Länge erlaubt sein, um eine übersichtliche Struktur zu behalten. Wichtig ist außerdem, daß sich Teilnehmer bei laufendem System hinzuschalten und entfernen lassen, ohne daß dadurch der Betrieb der verbleibenden Teilnehmer wesentlich gestört wird.

Die technische Ausführung des optimalen Feldbussystems hängt sehr von der damit zu lösenden Aufgabenstellung ab. In den Bereichen Qualitätssicherung, Betriebs- und Maschinendatenerfassung wird Wert gelegt auf besonders hohe Datensicherheit und echten Quittungsbetrieb, im Bereich der Steuerungstechnik steht eine hohe Abtastrate im Vordergrund.

1.5 Feldbusstandards

In der Folge sind die meisten derzeit auf dem Markt angebotenen Feldbussysteme kurz in ihren wesentlichen Eigenschaften dargestellt. Diese Darstellung kann nicht bis ins letzte Detail gehen, sie ist mehr als informative Übersicht gedacht. Detaillierte Darstellungen folgen in den Kapiteln 2 und 3 für die aus dem Angebot beispielhaft ausgewählten Feldbussysteme DIN-Meßbus und INTERBUS-S.

1.5.1 ASI

Topologie	:	Linie, Baum, offener Ring
Buslänge	:	100 m
Übertragungsmedium	:	Zweidraht ohne Abschirmung, gleichzeitige Übertragung von Daten und Energie
Übertragungsrate	:	150 kBit/s
Bitkodierung	:	Manchester
Buszugriffsverfahren	:	Master/Slave
Busverwaltung	:	Polling
Anzahl Teilnehmer	:	1 Master, 31 Slaves

ASI ist ein Feldbus speziell für binäre Sensoren und Aktoren. Der Begriff ASI steht für Aktor-/Sensor-Interface. Der Einsatz dieses Systems ist auf der untersten Stufe der Automatisierung zu suchen. ASI wird von mehreren deutschen und schweizerischen Herstellern unterstützt.

Das ASI-System ist ein Master/Slave-System, bei dem ein Master maximal 31 Teilnehmer verwalten kann. Dazu wird jeder Teilnehmer innerhalb einer Zykluszeit von etwa 5 ms einmal angesprochen und abgefragt. Pro Teilnehmer stehen daher maximal 150 us für einen Aufruf zur Verfügung.

Der Telegrammaufbau ist bewußt einfach gehalten (Bild 1.6). Es können maximal vier Bit an Information mit einem Telegramm übertragen werden, man erkennt hieran deutlich die Beschränkung dieses Bussystems auf einfachste Feldgeräte, wie Schalter, Geber, Näherungsschalter und Aktoren.

MASTER-TELEGRAMM

Sync	Control	Adresse	Sendedaten	Sicher.
4 Bit	2 Bit	5 Bit	4 Bit	2 Bit

SLAVE-ANTWORT

Antwortdaten	Sicher.
4 Bit	1 Bit

Bild 1.6 Telegrammaufbau beim ASI-Feldbus

1.5.2 BITBUS

Topologie	:	Linie mit Stichleitungen, an beiden Enden abgeschlossen
Buslänge	:	300 m bei 375 kBit/s und 1200 m bei 62,5 kBit/s
Übertragungsmedium	:	dreiadrig, verdrillt, abgeschirmt
Übertragungsrate	:	max. 375 kBit/s
Bitkodierung	:	NRZI-Code
Buszugriffsverfahren	:	Master/Slave
Busverwaltung	:	Polling
Anzahl Teilnehmer	:	1 Master, 28 Slaves

Der BITBUS ist ein 1984 von der Firma Intel für den Bereich der Fertigungsautomatisierung spezifiziertes Feldbussystem. Er wird hier in der Hauptsache zur Datenübertragung zwischen Mikrocomputern und speicherprogrammierbaren Steuerungen innerhalb der industriellen Fertigung eingesetzt. Der BITBUS wird zur Verbindung einzelner Fertigungszellen mit einem Leitrechner eingesetzt und steuert so den Informationsfluß zwischen diesen Bereichen.

Da der BITBUS in der IEEE 1118 genormt wurde, ist eine durchgängige Kompatibilität sämtlicher BITBUS-Komponenten untereinander gewährleistet. Dies gilt für alle drei möglichen Ausbaustufen des Bussystems, da die gesamte Festlegung gleichzeitig in der gleichen Norm erfolgte.

Die Segmentlänge kann 300 m bei 375 kBit/s und 1200 m bei 62,5 kBit/s betragen. Durch das Einfügen von Repeatern (Bild 1.7) kann die gesamte Buslänge auf 900 m (3 x 300) bei 375 kBit/s oder 13,2 km (11 x 1200 m) bei 62,5 kBit/s erhöht werden. Die Anzahl möglicher Teilnehmer erhöht sich dann auf 84 (3 x 28) bzw. 250 maximal.

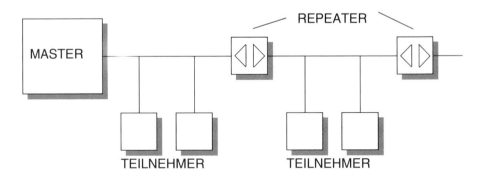

Bild 1.7 Struktur des BITBUS-Netzwerks

Den Telegrammaufbau zeigt Bild 1.8. Die Endemarke eines Datenblocks kann gleichzeitig Startmarke des folgenden Datenblocks sein.

Startmarke	Adresse	Control	Header	Nutzdaten	CRC	Endemarke
1 Byte	1 Byte	1 Byte	7 Byte	0..43 Byte	2 Byte	1 Byte

Bild 1.8 Telegrammaufbau bei BITBUS

1.5.3 CAN

Topologie   : Stern, Ring

Buslänge   : 40 m

Übertragungsmedium : Zweidraht, optisch

Übertragungsrate : max. 1 MBit/s

1.5 Feldbusstandards

Buszugriffsverfahren : Multimaster

Busverwaltung : Bitweise Arbitrierung

Anzahl Teilnehmer : nicht spezifiziert

CAN wurde ursprünglich von der Firma Bosch für Anwendungen im Automobil entwickelt. Der Begriff CAN bedeutet Controller Area Network, ein serielles Bussystem für die Vernetzung von Steuergeräten, Sensoren und Aktoren innerhalb des Autos als Ersatz für kilometerlange Kupferleitungen. Gleichzeitig existiert inzwischen ein breites Anwendungsfeld für CAN innerhalb des Bereichs Maschinenbau, da die für den Kraftfahrzeugeinsatz geforderte hohe Zuverlässigkeit den Anforderungen dieses Anwendungsbereichs in etwa entspricht. Durch die hohe produzierte Stückzahl von Komponenten für den Automobilbereich ergibt sich außerdem ein vergleichsweise niedriges Preisniveau.

Bei CAN handelt es sich um ein System, das speziell auf die Übertragung einfacher Prozeßdaten optimiert wurde. Die Übertragung komplexer Parametrierungsdaten ist nicht vorgesehen. Entsprechend einfach ist das Busprotokoll gehalten (Bild 1.9). Maximal 8 Byte Daten können übertragen werden. Das ist vollkommen ausreichend für die meisten Aufgaben im Bereich Meß- und Regelungstechnik, wie sie im Automobil- und Maschinenbaubereich vorkommen.

Gegenüber der geringen Datenmenge pro Telegramm fällt die relativ aufwendige CRC-Absicherung auf, durch die eine sehr geringe Fehleranfälligkeit der Datenübertragung gewährleistet werden kann.

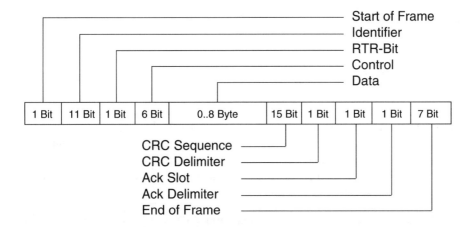

Bild 1.9 Telegrammaufbau bei CAN

Die Spezifikation von CAN läßt viele Dinge offen. So ist zum Beispiel das Übertragungsmedium nicht vorgegeben, es gibt bereits Implementierungen sowohl mit elektrischen als auch mit optischen Übertragungsmedien. Die Anzahl Teilnehmer ist grundsätzlich beliebig, allein die häufig angewandte Zweidrahttechnik nach RS 485 begrenzt die mögliche Anzahl durch die verfügbare Treiberleistung auf 32 Teilnehmer. Die Topologie eines CAN-Feldbusses kann als Stern oder Ring ausgeführt werden, die Übertragungsrate darf maximal 1 MBit/s bei 40 m Leitungslänge oder niedriger bei erhöhter Leitungslänge sein.

CAN ist ein nachrichtenorientiertes Multimastersystem. Es setzt sich bei gleichzeitigem Zugriff mehrerer Sender immer die Nachricht mit der höchsten Prioritätsstufe durch. Die Antwortzeiten liegen bei genügend hoher Priorität und einer Übertragungsrate von 1 MBit/s bei maximal 134 µs.

1.5.4 DIN-Meßbus

Topologie	:	Linie mit Stichleitungen, an beiden Enden abgeschlossen
Buslänge	:	500 m bei 1 MBit/s
Übertragungsmedium	:	vieradrig, verdrillt, abgeschirmt
Übertragungsrate	:	max. 1 MBit/s
Bitkodierung	:	NRZ-Code
Buszugriffsverfahren	:	Master/Slave
Busverwaltung	:	Polling
Anzahl Teilnehmer	:	1 Master, 31 Slaves

Der DIN-Meßbus ist im Gegensatz zu vielen "Hersteller"-Normen eine echte "Anwender"-Norm, da sie aus der Zusammenarbeit einer Gruppe mittelständischer Hersteller, der Automobilindustrie, der Physikalisch Technischen Bundesanstalt und Hochschulen entstand. Ziel war es, ein für jedermann offenes Feldbussystem zu standardisieren. Dieser Standard ist in der DIN 66 348 Teil 2 niedergelegt.

Die Struktur des DIN-Meßbussystems zeigt Bild 1.10. Ein Busmaster steuert bis zu 31 Teilnehmer, das als Linie ausgebildete Netz ist an beiden Enden mit seinem Wellenwiderstand abgeschlossen. Die zulässige Leitungslänge beträgt 500 m, über

1.5 Feldbusstandards

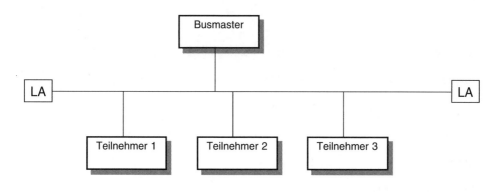

Bild 1.10 Busstruktur eines DIN-Meßbus-Systems mit Stichleitungen zu den einzelnen Teilnehmern. Der jeweils benötigte Leitungsabschluß wird explizit an beiden Enden der Linie ausgeführt.

selbststeuernde Repeater kann das Bussystem fast beliebig verlängert werden. Stichleitungen bis zu einer Länge von 5 m sind zulässig.

Eine Besonderheit des DIN-Meßbus gegenüber anderen Systemen ist die Vollduplexfähigkeit durch die Verwendung einer Vierdrahtverbindung. Sende- und Empfangskanal sind also vollkommen voneinander getrennt. Durch die konsequent eingesetzte Abschirmung der Leitung und genauso konsequent durchgeführte galvanische Trennung des Bussystems innerhalb jedes Teilnehmers werden weiterhin außergewöhnlich hohe Störabstände erreicht.

Das flexible Busmanagement ermöglicht es, das Polling den sehr unterschiedlichen Reaktionszeiten und Bedürfnissen einzelner Teilnehmer anzupassen. Solche Teilnehmer, die Alarmmeldungen absetzen können, werden mit hoher Priorität bevorzugt behandelt, so daß die Reaktionszeit des Systems auch im schlechtesten Fall gering genug bleibt.

Die umfangreichen Quittierungsfunktionen des DIN-Meßbus-Protokolls stellen den sicheren Datentransport auch unter gestörten Übertragungsbedingungen sicher. Erst dann, wenn der Empfänger einer Nachricht diese vollständig erhalten, geprüft und die Fehlerfreiheit quittiert hat, dürfen im Sender diese Daten überschrieben oder ersetzt werden. Diese Eigenschaft macht den DIN-Meßbus ideal für die Bereiche Qualitätssicherung und Betriebsdatenerfassung. Eine detaillierte Beschreibung des DIN-Meßbus findet sich in Kapitel 2.

1.5.5 FAIS

Topologie	:	Linie mit Stichleitungen
Buslänge	:	ISO 8802-4
Übertragungsmedium	:	Koaxkabel, Lichtwellenleiter
Übertragungsrate	:	max. 10 MBit/s
Bitkodierung	:	ISO 8802-4
Buszugriffsverfahren	:	Multimaster
Busverwaltung	:	Token Passing
Anzahl Teilnehmer	:	32

Das japanische FAIS-System (Factory Automation Interconnection System) ist eine auf die Schichten 1, 2 und 7 reduzierte Version des Kommunikationssystem MAP. Es wurde als Netzwerk zur Verbindung von Werkzeugmaschinen, Transporteinrichtungen, Fertigungsautomaten und Robotern spezifiziert.

FAIS arbeitet mit drahtgebundener Koaxkabelverbindung und kann so wahlweise mit 5 oder 10 MBit/s betreiben werden. Alternativ ist eine Implementierung mit Glasfaserverbindungen möglich, die eine Übertragungsrate von 10 MBit/s bietet. FAIS ist ein Multimastersystem, die Busverwaltung wird wie beim Profibus mit dem Token-Passing-Verfahren durchgeführt.

1.5.6 FIP

Topologie	:	Linie mit Stichleitungen, an beiden Enden abgeschlossen
Buslänge	:	2000 m
Übertragungsmedium	:	zweiadrig, verdrillt, abgeschirmt
Übertragungsrate	:	max. 2,5 MBit/s
Bitkodierung	:	Manchester

1.5 Feldbusstandards

Buszugriffsverfahren	:	Master/Slave
Busverwaltung	:	Delegated Token
Anzahl Teilnehmer	:	256

Der Feldbus FIP (Factory Instrumentation Protocol) ist ein Master/Slave-System. Der Busmaster vergibt der Reihe nach die Sendeerlaubnis an jeden Teilnehmer (delegated Token). Der Teilnehmer, der die Sendeerlaubnis bekommt, gibt seine Daten auf den Bus. Mit dem Ende der Übermittlung ist das Senderecht wieder zum Busmaster zurückgegeben, der es daraufhin an den nächsten Teilnehmer vergibt.

Hieraus ist ersichtlich, daß der FIP-Feldbus ein System ist, bei dem der zyklische Datenverkehr die Priorität hat. Im Gegensatz zu anderen Systemen ist es nicht die Datensenke, die benötigte Daten anfordert, sondern die Datenquelle, die ihre Informationen unaufgefordert sendet. Alle Teilnehmer des Bussystems hören sämtliche Sendungen mit und entscheiden selbst, ob die von ihnen benötigten Daten dabei sind. Damit ist es automatisch möglich, an mehrere Teilnehmer gleichzeitig Daten zu übertragen.

Dieses Verfahren der Buszuteilung hat einen Nachteil. Es können zwar alle Teilnehmer feststellen, wenn eine Übertragung gestört war, es ist aber nicht möglich, die Sendung zu wiederholen. FIP geht also davon aus, daß die gleichen Daten so oder so beim nächsten Zyklus wieder gesendet werden. Es gibt hier also keinen abgesicherten Quittungsbetrieb, wie zum Beispiel beim DIN-Meßbus. FIP ist hingegen für Regelkreise sehr gut geeignet, da der Buszugriff streng deterministisch erfolgt.

1.5.7 IEC-Feldbus

Topologie	:	Linie mit Stichleitungen, an beiden Enden abgeschlossen
Buslänge	:	max. 1900 m bei 31,25 kBit/s, 500 m bei 2,5 MBit/s
Übertragungsmedium	:	zweiadrig, verdrillt, abgeschirmt
Übertragungsrate	:	max. 2,5 MBit/s
Bitkodierung	:	Manchester
Buszugriffsverfahren	:	Master/Slave
Busverwaltung	:	Delegated Token
Anzahl Teilnehmer	:	1 Master, 31 Slaves

Der IEC-Feldbus ist momentan noch in der Projektierungsphase. Anfang 1993 soll ein endgültiger Entwurf vorliegen, so daß man hoffen kann, daß der gültige Standard Anfang 1994 zur Verfügung steht. Mit ersten Geräten sollte man daher nicht vor 1995 rechnen.

1.5.8 INTERBUS-S

Topologie	: aktiver Ring
Buslänge	: 400 m pro Segment, max. 13 km
Übertragungsmedium	: sechsadrig, verdrillt, abgeschirmt
Übertragungsrate	: max. 300 kBit/s
Buszugriffsverfahren	: Master/Slave
Busverwaltung	: festes Zeitraster
Anzahl Teilnehmer	: 1 Master, 31 Slaves

Der INTERBUS-S ist ein auf kürzeste Antwortzeiten optimiertes Feldbussystem, das sich in der Datenübertragungsschicht vollkommen von allen anderen Feldbussen unterscheidet. INTERBUS-S verwaltet alle Teilnehmer zusammen wie einen einzigen logischen Teilnehmer, der über das ganze Netzwerk verteilt ist.

Die Struktur von INTERBUS-S ist der aktive Ring (Bild 1.11). Jeder Teilnehmer empfängt an seinem Eingang die Daten, die sein Vorgänger in der Busstruktur an ihn sendet, fügt seine eigenen Daten hinzu und sendet das gesamte Telegramm an seinen Nachfolger weiter. Die Adressierung der einzelnen Teilnehmer erfolgt dabei nicht über eine fest

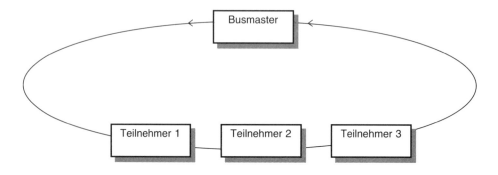

Bild 1.11 Busstruktur beim INTERBUS-S

eingestellte Teilnehmeradresse, sondern allein über die physikalische Lage des einzelnen Teilnehmers innerhalb der Ringstruktur. Dies erhöht die Wartungsfreundlichkeit des Systems ungemein, da keine Fehler durch falsche oder doppelt vergebene Adressen möglich sind.

Durch die zyklischen Telegramme des INTERBUS-S-Systems ist dieses Verfahren als streng deterministisch zu betrachten, also für Steuer- und Regelungsaufgaben ideal. Eine detaillierte Schilderung des INTERBUS-S-Systems findet sich in Kapitel 3.

1.5.9 MAS

Topologie	:	Linie mit Stichleitungen
Buslänge	:	undefiniert
Übertragungsmedium	:	eine Signalader
Übertragungsrate	:	max. 1200 kBit/s
Buszugriffsverfahren	:	Master/Slave
Busverwaltung	:	Polling
Anzahl Teilnehmer	:	32 Sensoren, 8 Aktoren

MAS ist ein offene Sensor/Aktor-Feldbussystem der Firma Marquardt (Marquardt Aktor Sensor). Es wurde erstmals zur Electronica '92 vorgestellt. MAS vernetzt binär organisierte Sensoren, Aktoren und mechanische Schalter, vorzugsweise innerhalb des Automobils oder der industriellen Umgebung. Im Gegensatz zu anderen Bussystemen für diese Bereiche ist die Realisierung von MAS ohne großen schaltungstechnischen Aufwand möglich.

Das Busprotokoll und die Empfangslogik wurde auf möglichst große Störsicherheit ausgelegt. So bewertet der Empfänger innerhalb eines Bitrahmens den anstehenden Signalpegel durch Mehrfachabtastung. Kurzzeitige Störimpulse, die eine einzige Abtastung verfälschen, wirken sich bei diesem Konzept nicht mehr aus.

1.5.10 P-NET

Topologie	:	Ring
Buslänge	:	1200 m
Übertragungsmedium	:	zweiadrig, verdrillt, abgeschirmt
Übertragungsrate	:	76,8 kBit/s fest
Bitkodierung	:	NRZ-Code
Buszugriffsverfahren	:	Token-Passing
Busverwaltung	:	Polling
Anzahl Teilnehmer	:	125, 32 Master

P-NET ist ein für den Bereich Prozeßautomatisierung entwickeltes Feldbussystem. Es wurde speziell ausgelegt, um effektiv Sensor/Aktordaten innerhalb des industriellen Fertigungsprozesses zu übertragen. P-NET ist ein herstellerspezifisches System, also keine Norm, wird jedoch als weit verbreiteter Standard von vielen Herstellern unterstützt.

P-NET benutzt eine passive Ringstruktur (Bild 1.12), die aus einer Zweidrahtleitung gebildet wird. An diesen Ring werden alle Teilnehmer parallel angeschaltet. Die Vorteile dieser Struktur liegen darin, daß keine Abschlußwiderstände benötigt werden. Teilnehmer können beliebig zu- und abgeschaltet werden, ohne den Datenverkehr des übrigen Systems

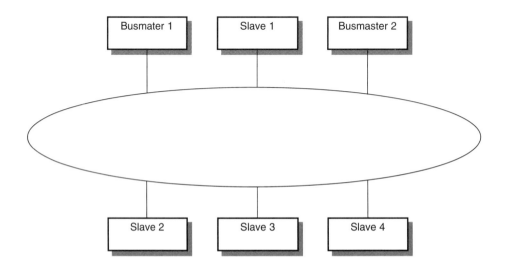

Bild 1.12 Passive Ringstruktur bei P-NET.

zu behindern. P-NET arbeitet mit einer einzigen festgelegten Übertragungsrate von 76,8 kBit/s. Damit entfällt eine Konfiguration der Teilnehmer vor Ort.

Bei P-NET handelt es sich um ein Multimastersystem. Der Buszugriff wird auch hier nach dem Token-Passing-Verfahren geregelt, allerdings wird die Weitergabe der Zugriffsberechtigung nach einem zeitgesteuerten Verfahren abgewickelt.

1.5.11 PROFIBUS

Topologie	:	Linie mit Stichleitungen, an beiden Enden abgeschlossen
Buslänge	:	1200 m
Übertragungsmedium	:	zweiadrig, verdrillt, abgeschirmt
Übertragungsrate	:	max. 500 kBit/s
Bitkodierung	:	NRZ-Code
Buszugriffsverfahren	:	Multimaster
Busverwaltung	:	Token-Passing
Anzahl Teilnehmer	:	32

Der PROFIBUS ist eines der wenigen genormten Verfahren (DIN 19 245 Teil 1 und 2). PROFIBUS ist ein Multimaster-System, die Zugriffsberechtigung wird nach dem Token-Passing-Verfahren abgewickelt.

PROFIBUS unterscheidet aktive und passive Teilnehmer. Nur aktive Teilnehmer können die Kontrolle über den Bus erhalten, passive Teilnehmer antworten nur auf Anfrage durch einen aktiven Teilnehmer.

Die Buskontrolle wird nach einer in jedem Busmaster vorhandenen Liste von Master zu Master weitergereicht (Token-Passing). Wer gerade die Berechtigung besitzt, darf den Bus für seine durchzuführende Aufgabe benutzen. Diese Benutzung kann zeitlich begrenzt sein.

PROFIBUS erlaubt es, daß nachträglich weitere Master dem Bus hinzugefügt werden. Dies ist grundsätzlich als Vorteil zu sehen. Da aber jeder hinzukommende Master das Bustiming verändert, kann der PROFIBUS nicht als echtzeitfähig angesehen werden, da seine Reaktionszeiten nicht vorhersehbar sind.

1.5.12 SERCOS

Topologie	:	Ring
Buslänge	:	250 m
Übertragungsmedium	:	Lichtwellenleiter
Übertragungsrate	:	max. 4 MBit/s
Buszugriffsverfahren	:	Master/Slave
Anzahl Teilnehmer	:	254

SERCOS ist das einzige Verfahren, das ausschließlich mit einem Lichtwellenleiter als Übertragungsmedium arbeitet. Es ist zur schnellen Übertragung von Prozeßdaten bei numerischen Steuerungen gedacht. SERCOS arbeitet streng deterministisch mit Zykluszeiten von 0,062 ms, 0,125 ms, 0,25 ms, 0,5 ms, 1,0 ms oder Vielfachen von 1 ms.

Die Struktur von SERCOS ist der aktive Ring . Im Gegensatz zu INTERBUS-S ist nicht die Lage des Teilnehmers innerhalb des Rings für seine Adressierung verantwortlich, jeder Teilnehmer kann getrennt konfiguriert werden.

Jeder Teilnehmer fügt anhand seiner Adresse seine Daten in das vom Busmaster gesendete Rahmentelegramm ein. Fehlerhafte Daten werden nicht wiederholt, sondern von den Daten des folgenden Telegramms überschrieben.

2 DIN-Meßbus

Der DIN-Meßbus ist ein genormtes Feldbussystem für die Vernetzung innerhalb der Produktion. Dieses Feldbussystem erfüllt die hohen Anforderungen in Bezug auf Datensicherheit und Flexibilität. Die Normung sämtlicher Schnittstellenparameter gewährleistet uneingeschränkte und herstellerunabhängige Gerätekompatibilität.

Der in der DIN 66 348 Teil 2 beschriebene DIN-Meßbus wurde als anwenderorientierte digitale Schnittstelle zur sicheren und flexiblen Vernetzung von Meßgeräten, Datenerfassungsstationen, intelligenten Sensoren und anderen Automatisierungskomponenten konzipiert. Hierbei wurde besonderer Wert auf die Erfüllung der Anforderungen aus der Praxis gelegt, das heißt: kurze Amortisationszeit der Investitionen und unkomplizierte Handhabung des Bussystems in der Anwendung. Nicht ohne Grund wird der DIN-Meßbus als "Anwendernorm" bezeichnet, ist er doch aus der Zusammenarbeit einer Gruppe mittelständiger Meßgerätehersteller, der Automobilindustrie, der Physikalisch Technischen Bundesanstalt sowie der Hochschulen entstanden.

Der Schwerpunkt beim DIN-Meßbus liegt eindeutig auf der Sicherheit der Datenübertragung. Dieser Gedanke führte zu der Auswahl einer Vierdrahtleitung als Übertragungsmedium, im Gegensatz zur weit verbreiteten Zweidrahtübertragung, die aus dem Umfeld der Rechnervernetzung übernommen wurde. Die Verwendung von Zweidrahtleitungen beruht auf dem Gedanken der Multi-Master-Fähigkeit mit der Möglichkeit direkten Querverkehrs. In der Vernetzung von Automatisierungseinrichtungen hat man es jedoch in den meisten Fällen mit einer Unzahl passiver Teilnehmer zu tun, wie Sensoren, Aktoren, Meßgeräte oder Terminals. Hier tritt vielmehr der Sicherheitsaspekt in den Vordergrund der Überlegungen. Die Vierdrahttechnik mit getrenntem Hin- und Rückkanal bringt hier spezielle Vorteile:

- Geringe Prozessorbelastung der Busteilnehmer. Bei Zweidrahtbussen muß jeder Teilnehmer jede Sendung mithören und analysieren, um festzustellen, ob er betroffen ist. Bei getrennten Kanälen hören alle Teilnehmer nur die Anforderungen des Busmasters mit.

- Keine Begrenzung der Übertragungsstrecke. Zur Verlängerung können einfache und damit preiswerte ungesteuerte Verstärkerbausteine eingesetzt werden.

- Sicherheit. Ein gestörter Teilnehmer kann das Bussystem nicht blockieren. Die Wahrscheinlichkeit von Störungen in einem Bussystem steigt naturgemäß mit der Anzahl der Teilnehmer. In einem Zweidrahtsystem kann ein defekter Teilnehmer, der unerlaubt aktiv wird oder den Bus mit einer Dauersendung lahmlegt, den Bus völlig blockieren, so daß auch der Busmaster keine Möglichkeit mehr hat, auf den Notfall zu reagieren und auf die restlichen angeschlossenen Teilnehmer entsprechend einzuwirken. Beim Vierdrahtbus wird durch einen defekten Teilnehmer nur der Rückkanal blockiert, der Sendekanal des Busmasters bleibt hiervon unbetroffen, so daß der Busmaster zum Beispiel Abschaltbefehle an die restlichen Teilnehmer geben kann, um Schäden weitgehend zu verhindern.

Durch die Normung des DIN-Meßbus sind alle Eigenschaften der Schnittstelle eindeutig festgelegt, so daß eine hundertprozentige Gerätekompatibilität garantiert ist. Hierzu gehört auch eine eindeutig vorgeschriebene Steckerbelegung sowie das gesamte Übertragungsprotokoll, das umfangreiche Sicherheits- und Überprüfungsroutinen beinhaltet. Nicht festgelegt in der DIN 66 348 ist die Organisation des gesamten Datenverkehrs. Das Busmanagement kann also den jeweils vorliegenden Gegebenheiten frei angepaßt werden, ohne daß hiervon die Kompatibilität nachteilig beeinflußt würde.

Normalerweise arbeitet ein DIN-Meßbus-System nach dem Master/Slave-Prinzip. Es gibt in einem solchen Netzwerk nur eine einzige Leitstation, die den gesamten Datenverkehr steuert und abwickelt. Dieses Prinzip weist gerade in der unteren Betriebsebene, wo in der Mehrzahl Daten und Informationen erfaßt und für übergeordnete Stationen bereitgestellt werden, deutliche Vorteile auf:

- Alle Netzwerkteilnehmer sprechen nur einen einzigen Master an. Daher werden sämtliche Nutzdaten von diesem Master lückenlos erfaßt und stehen diesem zur Weitergabe oder -verarbeitung zur Verfügung. Eine unbeabsichtigte Datenübernahme durch einen anderen Teilnehmer ist ausgeschlossen. Da außerdem der gesamte Querverkehr über diesen einen Busmaster abgewickelt wird, kann dieser auch den gesamten Datenfluß der Busteilnehmer untereinander kontrollieren und beeinflussen.

- Da der Busmaster die alleinige Kontrolle über das gesamte Busmanagement besitzt, können Alarmschaltungen mit garantierten Antwortzeiten aufgebaut werden. Kritische Teilnehmer, die solche Alarmmeldungen erzeugen können, können über eine Prioritätsliste bevorzugt und häufiger angesprochen werden, so daß eine vorausberechenbare minimale Antwortzeit eingehalten werden kann. Durch das genormte Busprotokoll des DIN-Meßbus ist die Länge einer solchen Statusabfrage sehr gering, die zusätzliche Busbelastung durch häufiges Abfragen einer Alarmstation ist daher nicht allzu groß.

2.1 Anwendungsbereich

Die DIN 66 348 legt den Anwendungsbereich der in ihr beschriebenen Schnittstelle eindeutig fest: Datenübermittlung insbesondere im Bereich der Meß- und Prüftechnik und der damit verbundenen Informationsverarbeitung. Die Schnittstelle ist nicht geeignet als Übertragungsmedium für aufwendige Netzwerke mit mehreren Rechnern (Multimaster) oder für schnelle Netze innerhalb eines Prozesses, wo der Schwerpunkt auf besonders schnelle Datenübertragung und kurze Reaktionszeiten gelegt wird.

Diese in der Norm genannten Grenzen sind natürlich nicht starr zu sehen. Dazu zwei Beispiele:

- Ein Terminal zur Dateneingabe kann durchaus einen eigenen Rechnerkern beinhalten. Dieses Terminal könnte also auf jeden Fall als Busmaster betrieben werden, in Multimastersystemen wird man diesen Weg beschreiten. Innerhalb eines DIN-Meßbus-Systems erhält ein solches Terminal jedoch nur den Status eines passiven Teilnehmers, ohne daß sich hieraus für den Anwender irgendwelche Nachteile ergeben. Die Beschränkung des DIN-Meßbus auf bestimmte Bereiche der Datenübermittlung heißt daher nicht, daß man mit ihm nicht auch aufwendige Teilnehmer vernetzen kann.

- Mit steigendem Integrationsgrad entstehen immer mehr sogenannter intelligenter Sensoren. Während zum Beispiel die Stückzahlerfassung innerhalb einer Fertigungseinrichtung mit passiven Sensoren eine entsprechend hohe Abtastrate voraussetzt und damit Feldbusse mit sehr hoher Datenübertragungsrate erforderlich macht, kann mit intelligenten Sensoren eine Dezentralisierung der Steuerungsaufgaben durchgeführt werden. Anstatt einen passiven Sensor tausendmal pro Sekunde abzutasten und die erfaßten Impulse durch den Busmaster zählen zu lassen, kann ein intelligenter Sensor mit eigenem Mikroprozessor so parametriert werden, daß er selbst die Impulse nicht nur erfaßt, sondern auch gleichzeitig zählt, so daß die Prozeßsteuerung bei Bedarf diesen Zählerstand abfragen kann, und zwar genau dann, wenn diese Information benötigt wird. Auf diese Weise wird nicht nur der Bedarf an Rechenleistung in der Prozeßsteuerung reduziert, es findet gleichzeitig eine dramatische Senkung der Datenmenge auf dem Bussystem statt. Dadurch kann eine niedrigere Übertragungsrate gewählt werden, was automatisch eine Senkung der Störempfindlichkeit zur Folge hat.

Wie man sieht, kann durch den gezielten Einsatz der durch den DIN-Meßbus gegebenen Möglichkeiten ein weites Feld von Anwendungen abgedeckt werden.

2.2 Struktur des Bussystems

Der DIN-Meßbus benutzt eine als Vierdrahtleitung ausgebildete Linienstruktur (Bild 2.1). Sämtliche Teilnehmer sind über kurze Stichleitungen an die durchgehende Hauptleitung angeschlossen, die wiederum an beiden Enden mit geeigneten Leitungsabschlüssen versehen ist.

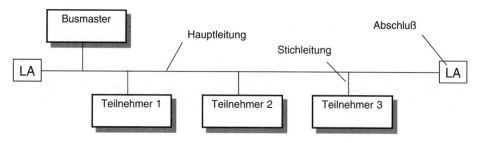

Bild 2.1 Busstruktur

In der DIN 66 348 ist für die Hauptleitung eine maximal zulässige Leitungslänge von 500 m festgelegt, größere Entfernungen können über zwischengeschaltete Verstärker überbrückt werden (Bild 2.2). Die Stichleitungslänge zu einem einzelnen Teilnehmer darf maximal 5 m betragen.

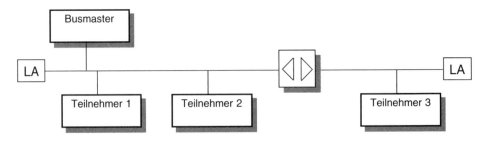

Bild 2.2 Zur Verlängerung der Hauptleitung werden einfache, ungesteuerte Verstärker zwischengeschaltet

Der DIN-Meßbus benutzt als elektrisches Übertragungsverfahren die symmetrische Spannungsschnittstelle nach EIA RS 485, daraus resultiert eine maximale Anzahl von 32 Teilnehmern.

2.3 Elektrische Eigenschaften

Eine der wesentlichen Eigenschaften des DIN-Meßbus, die ihn von anderen Bussystemen unterscheidet, ist außer der bereits erwähnten Vierdrahtleitung die Vorschrift, daß bei sämtlichen Teilnehmern eine umfassende galvanische Trennung sämtlicher Schnittstellenbauelemente von der eigentlichen Teilnehmerschaltung vorzusehen ist. Auf dieser galvanischen Trennung beruht zu einem großen Teil die hohe Störunempfindlichkeit des DIN-Meßbus-Systems.

Die Trennung muß nicht nur die Sende- und Empfangsbausteine umfassen, sie ist auch für die Stromversorgung dieser Bausteine vorgeschrieben. Es müssen also entweder Transformatoren mit einer getrennten Versorgungswicklung für die Schnittstelle oder DC/DC-Wandler eingesetzt werden. Die galvanische Trennung der Datenkanäle kann einfach über Optokoppler erfolgen. Bild 2.3 zeigt eine Beispielapplikation mit dem Baustein LTC491, der je einen Sender und einen Empfänger enthält.

2.3 Elektrische Eigenschaften

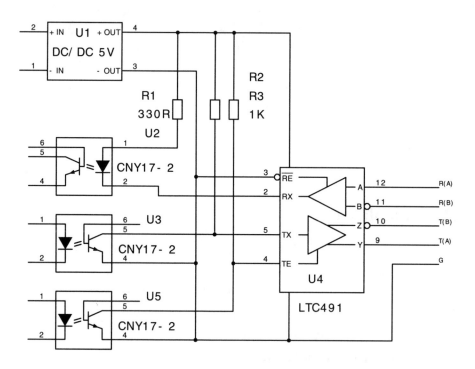

Bild 2.3 Beispielapplikation mit LTC491 und galvanischer Trennung über Optokoppler und DC/DC-Wandler

2.3.1 Sender

Der Sender setzt das als TTL-Signal an seinem Eingang anstehende Datensignal in ein symmetrisches Ausgangssignal von ±5 V nach EIA RS 485 an seinem Ausgang um. Diese Norm schreibt eine minimale Ausgangsspannung von $1,5\ V \leq |U_t| \leq 5\ V$ an eine Last von 54 Ω vor (Bild 2.4). Über eine Steuerleitung kann der Sender inaktiv, das heißt hochohmig geschaltet werden.

Im Überlastfall muß jeder Senderausgang seinen Strom auf maximal 250 mA begrenzen, dieser Zustand muß ohne Beeinträchtigung auch über längere Zeit gehalten werden können. Wenn im Extremfall mehrere Sender am Bus gleichzeitig einen Strom von 250 mA einzuspeisen versuchen, muß derjenige Sender, der als Senke dient, diesen Strom auf maximal 250 mA begrenzen.

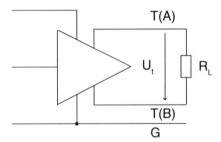

Bild 2.4 Sender

2.3.2 Empfänger

Der Empfängerschaltkreis erkennt das Signal aus der Differenz der an seinen beiden Eingängen anliegenden Spannungen. Als Grenzen für die sichere Erkennung beider logischer Zustände gelten

$-7\ V \leq U_i \leq -0{,}3\ V$ für logisch Eins und

$+0{,}3\ V \leq U_i \leq +12\ V$ für logisch Null.

Hierbei dürfen beide Eingangsspannungen gegenüber Betriebserde den Bereich

$-7\ V \leq U_{ia},\ U_{ib} \leq +12\ V$

für eine sichere Erkennung nicht überschreiten, wobei Spannungen im Bereich

$-10\ V \leq U_{ia},\ U_{ib} \leq +15\ V$

nicht zu einer Beschädigung des Empfängerschaltkreises führen dürfen (Bild 2.5).

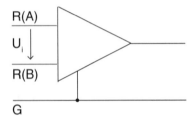

Bild 2.5 Empfänger

2.3.3 Steckverbindungen und Kabel

Jeder DIN-Meßbus-Teilnehmer besitzt als Busanschluß einen 15poligen Trapezsteckverbinder nach DIN 41 652 Teil 1 (D-Sub) mit Stiftkontakten. Die Hauptleitung verwendet an den Enden sowie an den Abzweigstellen für die einzelnen Stichleitungen die entsprechenden Steckverbinder mit Buchsenkontakten. Die Tabelle zeigt die Steckerbelegung, die für sämtliche Teilnehmer gleich ist:

Kontakt	Funktion	Option
1	Schirm	-
2	Sendeleitung T(A)	-
3	-	-
4	Empfangsleitung R(A)	-
5	-	-
6	-	-
7	-	Spannung U2 gegen 14
8	Betriebserde G	-
9	Sendeleitung T(B)	-
10	-	-
11	Empfangsleitung R(B)	-
12	-	-
13	-	-
14	-	Spannung U2 gegen 7
15	-	Spannung U1 gegen 8

Die beiden Spannungen U1 und U2 können zur Versorgung externer Geräte vom Busteilnehmer zur Verfügung gestellt werden. Die Daten dieser Versorgungsspannungen sind nicht in der Norm festgelegt und daher vom Gerätehersteller zu spezifizieren. Es ist darauf zu achten, daß beim Verbinden mit anderen Einrichtungen, die den gleichen Schnittstellenstecker benutzen, Zerstörungsgefahr besteht.

Es bleibt dem Gerätehersteller überlassen, ob er den Schnittstellenstecker fest am Gerätegehäuse anbringt oder das Gerät mit einem kurzen Anschlußkabel versieht, an dem dann der Schnittstellenstecker angebracht ist.

Als Verbindungskabel wird ein abgeschirmtes Kabel mit paarweise verdrillten Adern (twisted pairs) und einer zusätzlichen Leitung für die Betriebserde verwendet. Der Anschluß der Schirmung darf nur an einem einzigen Teilnehmer, vorzugsweise an der Leitstation vorgenommen werden. Je nach Anwendungsfall und Umgebung kann es sich aber auch als sinnvoll erweisen, diesen Anschluß bei einem der Teilnehmer durchzuführen.

Als Verbindungskabel zwischen Teilnehmer und Anschlußpunkt an der Hauptleitung wird ein Kabel benutzt, das an einer Seite Stift- und an der anderen Seite Buchsenkontakte aufweist. Für die Leitstation wird ein gekreuztes Kabel benutzt (Koppler K3), für alle anderen Teilnehmer sind die Signale direkt durchverbunden (Bild 2.6).

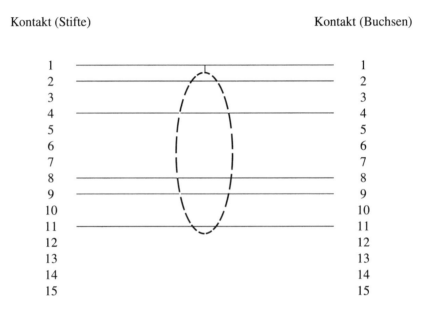

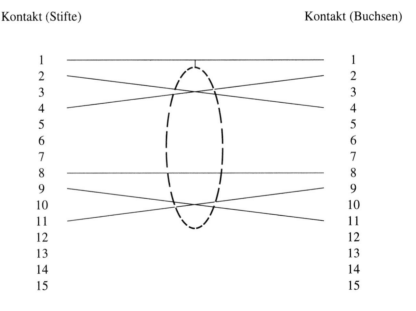

Bild 2.6 Schnittstellenkabel mit direkter und gekreuzter Signalführung

2.3.4 Busabschluß

Wie bereits mehrfach erwähnt, muß die Hauptleitung an beiden Enden mit einem Leitungsabschluß versehen werden. Dieser beträgt 120 Ω für den Empfangskanal und 150 Ω für den Sendekanal. Zusätzlich muß dafür Sorge getragen werden, daß bei offenem Rückkanal, das heißt, alle Teilnehmer sind hochohmig geschaltet, eine eindeutige Stoppolarität anliegt. Zu diesem Zweck wird an jedem der beiden Leitungsabschlüsse eine Hilfsspannung von 5 V über 510 Ω angelegt, die diesen Pegel sicherstellt (Bild 2.7). Die Stoppolarität auf dem Empfangskanal der Teilnehmerstationen wird durch die Leitstation sichergestellt.

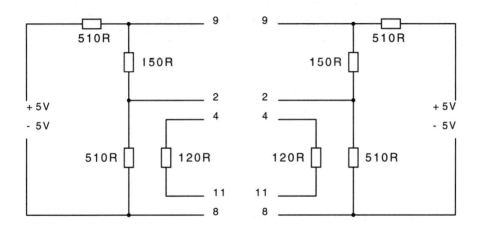

Bild 2.7 Aktiver Leitungsabschluß auf beiden Seiten der Hauptleitung

2.4 Übertragungsformat

Der DIN-Meßbus arbeitet mit 7-Bit-ASCII-Zeichen zur Informationsübertragung. An einem Format zur Binärdatenübertragung wird zur Zeit gearbeitet. Das einzelne Zeichen ist wie folgt aufgebaut:

- Startbit Low;
- 7-Bit-Zeichen, das niederwertigste Bit beginnt;
- Paritätsbit (gerade Parität);
- Stopbit High.

Bild 2.8 zeigt die zeitliche Abfolge.

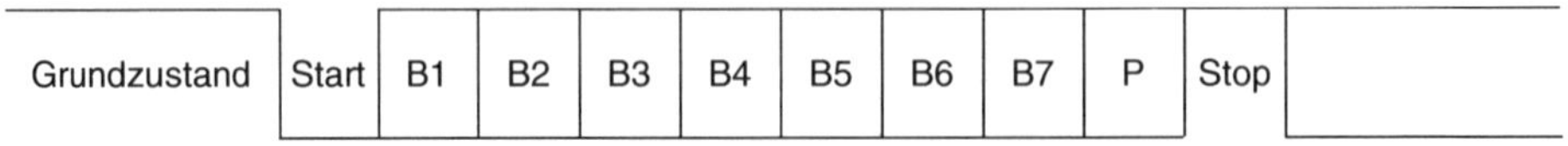

Grundzustand	Start	B1	B2	B3	B4	B5	B6	B7	P	Stop

Bild 2.8 Zeichenformat

Die mit dem 7-Bit-Code darstellbaren Zeichen sind in der folgenden Tabelle aufgeführt:

Dezimal	ASCII	Hex	Binär
000	NUL	00	00000000
001	SOH	01	00000001
002	STX	02	00000010
003	ETX	03	00000011
004	EOT	04	00000100
005	ENQ	05	00000101
006	ACK	06	00000110
007	BEL	07	00000111
008	BS	08	00001000
009	HT	09	00001001
010	LF	0A	00001010
011	VT	0B	00001011
012	FF	0C	00001100
013	CR	0D	00001101
014	SO	0E	00001110
015	SI	0F	00001111

2.4 Übertragungsformat

Dezimal	ASCII	Hex	Binär
016	**DLE**	**10**	**00010000**
017	DC1	11	00010001
018	DC2	12	00010010
019	DC3	13	00010011
020	DC4	14	00010100
021	**NAK**	**15**	**00010101**
022	SYN	16	00010110
023	**ETB**	**17**	**00010111**
024	CAN	18	00011000
025	EM	19	00011001
026	SUB	1A	00011010
027	ESC	1B	00011011
028	FS	1C	00011100
029	GS	1D	00011101
030	RS	1E	00011110
031	US	1F	00011111
032	SPACE	20	00100000
033	!	21	00100001
034	"	22	00100010
035	#	23	00100011
036	$	24	00100100
037	%	25	00100101
038	&	26	00100110
039	'	27	00100111
040	(	28	00101000
041	)	29	00101001
042	*	2A	00101010
043	+	2B	00101011
044	,	2C	00101100
045	-	2D	00101101
046	.	2E	00101110
047	/	2F	00101111
048	0	30	00110000
049	1	31	00110001
050	2	32	00110010
051	3	33	00110011
052	4	34	00110100
053	5	35	00110101
054	6	36	00110110
055	7	37	00110111
056	8	38	00111000
057	9	39	00111001
058	:	3A	00111010
059	;	3B	00111011
060	<	3C	00111100

Dezimal	ASCII	Hex	Binär
061	=	3D	00111101
062	>	3E	00111110
063	?	3F	00111111
064	@	40	01000000
065	A	41	01000001
066	B	42	01000010
067	C	43	01000011
068	D	44	01000100
069	E	45	01000101
070	F	46	01000110
071	G	47	01000111
072	H	48	01001000
073	I	49	01001001
074	J	4A	01001010
075	K	4B	01001011
076	L	4C	01001100
077	M	4D	01001101
078	N	4E	01001110
079	O	4F	01001111
080	P	50	01010000
081	Q	51	01010001
082	R	52	01010010
083	S	53	01010011
084	T	54	01010100
085	U	55	01010101
086	V	56	01010110
087	W	57	01010111
088	X	58	01011000
089	Y	59	01011001
090	Z	5A	01011010
091	[	5B	01011011
092	\	5C	01011100
093	]	5D	01011101
094	^	5E	01011110
095	_	5F	01011111
096	'	60	01100000
097	a	61	01100001
098	b	62	01100010
099	c	63	01100011
100	d	64	01100100
101	e	65	01100101
102	f	66	01100110
103	g	67	01100111
104	h	68	01101000
105	i	69	01101001

Dezimal	ASCII	Hex	Binär
106	j	6A	01101010
107	k	6B	01101011
108	l	6C	01101100
109	m	6D	01101101
110	n	6E	01101110
111	o	6F	01101111
112	p	70	01110000
113	q	71	01110001
114	r	72	01110010
115	s	73	01110011
116	t	74	01110100
117	u	75	01110101
118	v	76	01110110
119	w	77	01110111
120	x	78	01111000
121	y	79	01111001
122	z	7A	01111010
123	{	7B	01111011
124	|	7C	01111100
125	}	7D	01111101
126	~	7E	01111110
127	DEL	7F	01111111

Die von der DIN 88348 Teil 2 benutzten Steuerzeichen sind in der Tabelle fett gedruckt.

Als Übertragungsraten sind in der Norm festgelegt:

110, 300, 600, 1200, 2400, 4800, 9600, 19200 Baud.

Die Übertragungsrate von 9600 Baud muß von jedem DIN-Meßbus-Teilnehmer beherrscht werden. Höhere Übertragungsraten als 19200 Baud sind zulässig, wenn sie auch nicht innerhalb der DIN 66348 spezifiziert sind. Dabei werden ganzzahlige Vielfache von 9600 oder 64000 Baud ausdrücklich empfohlen..

2.5 Steuerzeichen

Das DIN-Meßbus-Protokoll verwendet zur Steuerung des Datenverkehrs zwischen Leitstation und Teilnehmer verschiedene Zeichen, die daher innerhalb eines Datenblocks nicht vorkommen dürfen. Diese Zeichen sind:

Steuerzeichen	Hex	Verwendung	Bedeutung
<SADR> ENQ	xx 05	Aufforderungsphase	Polling, Sendeaufruf der Leitstation an den Teilnehmer mit der entsprechenden Adresse
<EADR> ENQ	xx 05	Aufforderungsphase	Auswahl, Empfangsaufruf der Leitstation an den Teilnehmer mit der entsprechenden Adresse
		Übermittlungsphase	Aufforderung an die Datensenke, eine Rückmeldung zu senden
<SADR> DLE 30	xx 10 30	Aufforderungsphase	Positive Rückmeldung des Teilnehmers mit der angegebenen Adresse
<EADR> DLE 30	xx 10 30	Aufforderungsphase	Positive Rückmeldung des Teilnehmers mit der angegebenen Adresse
DLE 31	10 31	Übermittlungsphase	Positive Rückmeldung
<SADR> NAK	xx 15	Aufforderungsphase	Negative Rückmeldung des Teilnehmers mit der angegebenen Adresse
<EADR> NAK	xx 15	Aufforderungsphase	Negative Rückmeldung des Teilnehmers mit der angegebenen Adresse
NAK	15	Übermittlungsphase	Negative Rückmeldung
SOH	01	Aufforderungsphase	Bei Querverkehr markiert SOH den Anfang des Kopfes. Die Empfangsadresse des eigentlichen Ziels folgt direkt dahinter.
STX	02	Übermittlungsphase	Beginn eines Datenblocks

Steuerzeichen	Hex	Verwendung	Bedeutung
ETB	17	Übermittlungsphase	Ende eines Datenblocks
ETX	03	Übermittlungsphase	Ende eines Datenblocks, gleichzeitig Ende eines Textes
EOT	04	zu jeder Zeit	Ende der Datenverbindung. EOT kann zu jedem Zeitpunkt auftreten und muß von jedem Teilnehmer zu jeder Zeit erkannt und ausgewertet werden.

Die in den Telegrammen verwendeten Teilnehmeradressen haben folgenden Aufbau:

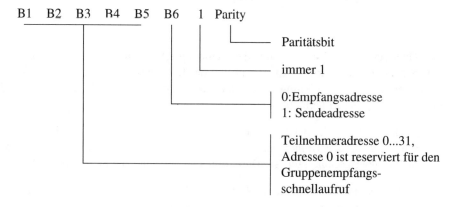

2.6 Ablaufsteuerung

Der gesamte Datenverkehr wird von der Leitstation des Bussystems gesteuert. Diese gibt den einzelnen Teilnehmern in regelmäßigen Abständen die Gelegenheit, Daten zu senden oder zu empfangen. Die Reihenfolge der einzelnen Teilnehmer und ihre jeweilige Priorität können entsprechend der jeweiligen Anwendung über die Leitstation beliebig festgelegt werden. Zur Adressierung der Teilnehmer besitzt jeder eine Sende- und Empfangsadresse. Diese Adressen sind an jedem Teilnehmer einstellbar. Um einen Datenaustausch zu beginnen, fordert die Leitstation den gewünschten Teilnehmer auf:

- Sendeaufruf: Die Leitstation sendet <SADR> ENQ. Der Teilnehmer antwortet entweder mit einer negativen Rückmeldung, wenn er keine Daten für die Leitstation hat, oder mit einer positiven Rückmeldung, unmittelbar gefolgt von der Übertragung der entsprechenden Daten.

- Empfangsaufruf: Die Leitstation sendet <EADR> ENQ. Der Teilnehmer antwortet mit einer negativen Rückmeldung, wenn er zur Zeit nicht empfangsbereit ist, oder mit einer positiven Rückmeldung, worauf die Leitstation sofort mit der Übertragung der entsprechenden Daten beginnt.

Jede Datenübertragung wird in der Abschlußphase durch das Steuerzeichen EOT beendet. Die Leitstation geht daraufhin zum nächsten Teilnehmer über.

Jeder Datenverkehr besteht dabei aus drei verschiedenen Phasen, die bei einer ordnungsgemäßen und fehlerfreien Übertragung nacheinander durchlaufen werden.

2.6.1 Aufforderungsphase

Der Übergang vom Grundzustand, das heißt logisch 1 auf der Datenleitung, in die Aufforderungsphase wird in jedem Fall von der Leitstation ausgelöst. Es gibt nur drei Varianten in der Aufforderungsphase: den Sendeaufruf, den Empfangsaufruf und den Gruppenempfangsschnellaufruf.

- Sendeaufruf: Die Leitstation übergibt mit dem Sendeaufruf <SADR> ENQ das Senderecht an den Teilnehmer mit der entsprechenden Sendeadresse und startet die Antwortüberwachungszeit T_A. Daraufhin sind verschiedene Reaktionen möglich:

  - Positive Rückmeldung <SADR> DLE 30. Der Teilnehmer verfügt über Daten und übernimmt das Senderecht. Die Leitstation startet die Betriebsüberwachungszeit TC, innerhalb der die Datenübertragung beginnen muß. Wird diese Zeit vom angesprochenen Teilnehmer nicht eingehalten, so bricht die Leitstation die Datenverbindung ab, sendet EOT und geht in den Grundzustand über.

  - Negative Rückmeldung <SADR> NAK. Der Teilnehmer verfügt über keine Daten. Anstelle der Datenübermittlungsphase folgt direkt die Abschlußphase.

  - keine, fehlerhafte oder unzulässige Rückmeldung: Nach Ablauf der Antwortüberwachungszeit geht die Leitstation direkt in die Abschlußphase über.

2.6 Ablaufsteuerung

Schritt	Leitstation sendet	Teilnehmerstation sendet	Bemerkung
1	<SADR> ENQ		Übergabe Senderecht, Start T_A
2		<SADR> ENQ	Positive Rückmeldung, Start T_C
3		Datenübertragungsphase	

Schritt	Leitstation sendet	Teilnehmerstation sendet	Bemerkung
1	<SADR> ENQ		Übergabe Senderecht, Start T_A
2		<SADR> NAK	Negative Rückmeldung
3	EOT		Leitstation beendet Datenverkehr
4	Grundzustand		

Schritt	Leitstation sendet	Teilnehmerstation sendet	Bemerkung
1	<SADR> ENQ		Übergabe Senderecht, Start T_A
2		keine oder falsche Antwort	T_A abwarten
3	EOT		Leitstation beendet Datenverkehr
4	Grundzustand		

- Empfangsaufruf: Mit dem Empfangsaufruf <EADR> ENQ fragt die Leitstation den gewünschten Teilnehmer an, ob er für den Empfang eines Datenblocks bereit ist. Wie beim Sendeaufruf startet die Leitstation direkt nach der Übertragung die Antwortüberwachungszeit T_A. Die möglichen Reaktionen des Teilnehmers sind:

  - Positive Rückmeldung <EADR> DLE 30. Der Teilnehmer ist bereit und geht direkt in die Datenübermittlungsphase über. Die Leitstation sendet die entsprechenden Daten direkt nach Empfang der Rückmeldung.

  - Negative Rückmeldung <EADR> NAK. Der Teilnehmer ist zur Zeit nicht empfangsbereit. Die Leitstation geht direkt in die Abschlußphase über.

- keine, fehlerhafte oder unzulässige Rückmeldung: Nach Ablauf der Antwortüberwachungszeit geht die Leitstation direkt in die Abschlußphase über.

Schritt	Leitstation sendet	Teilnehmerstation sendet	Bemerkung
1	<EADR> ENQ		Anfrage Teilnehmer, Start T_A
2		<SADR> ENQ	Positive Rückmeldung, Start der Datenübertragung
3		Datenübertragungsphase	

Schritt	Leitstation sendet	Teilnehmerstation sendet	Bemerkung
1	<EADR> ENQ		Anfrage Teilnehmer, Start T_A
2		<EADR> NAK	Negative Rückmeldung
3	EOT		Leitstation beendet Datenverkehr
4	Grundzustand		

Schritt	Leitstation sendet	Teilnehmerstation sendet	Bemerkung
1	<EADR> ENQ		Anfrage Teilnehmer, Start T_A
2		keine oder falsche Antwort	T_A abwarten
3	EOT		Leitstation beendet Datenverkehr
4	Grundzustand		

- Gruppenempfangsschnellaufruf: Zur direkten Adressierung sämtlicher Teilnehmer am Bus ist die Geräteadresse 0 reserviert. Die Leitstation sendet dabei ein spezielles Telegramm, das von keinem Teilnehmer bestätigt wird:

<RADR> STX Text ETX BCC EOT

2.6.2 Datenübermittlungsphase

Jede Datenübermittlungsphase wird entweder mit dem Zeichen STX oder dem Zeichen SOH eingeleitet:

- STX: Der folgende Datenblock ist für den adressierten Teilnehmer bzw. die Leitstation bestimmt.

- SOH: Der folgende Datenblock wird von einem Teilnehmer an die Leitstation gesendet und soll von dieser an einen anderen Teilnehmer weitergegeben werden (Querverkehr). Dabei wird die Geräteadresse des gewünschten Teilnehmers direkt nach SOH angegeben, die komplette Zeichenfolge lautet SOH <EADR> STX.

Die maximale Länge eines Datenblocks darf 128 Zeichen betragen. Soll ein längerer Datensatz übertragen werden, so muß er in einzelne Blöcke von maximal 128 Zeichen zerlegt werden, die dann nacheinander übertragen werden. Zur Erkennung, ob einer Übertragung ein weiterer Block folgt, wird das Endezeichen eines Blocks ausgewertet: ETX beim letzten Block einer Übertragung und ETB, wenn noch mindestens ein weiterer Block folgt.

Jede ordnungsgemäße Übertragung eines Datenblocks wird mit der positiven Rückmeldung DLE 31 quittiert. Jede Datenübermittlung wird mit EOT beendet.

Schritt	Datenquelle sendet	Datensenke sendet	Bemerkung
1	STX ... ETB BCC		Sende Datenblock
2		DLE 31	Positive Rückmeldung
3	EOT		Datenübermittlung beendet
4	Grundzustand		

Schritt	Datenquelle sendet	Datensenke sendet	Bemerkung
1	STX ... ETX BCC		Sende letzten Datenblock eines Textes
2		DLE 31	Positive Rückmeldung
3	EOT		Datenübermittlung beendet
4	Grundzustand		

Schritt	Datenquelle sendet	Datensenke sendet	Bemerkung
1	SOH <EADR> STX ...		Sende Datenblock für Querverkehr
2		DLE 31	Positive Rückmeldung
3	EOT		Datenübermittlung beendet
4	Grundzustand		

Wird in Schritt 2 die negative Rückmeldung NAK empfangen, das heißt, daß der Empfänger einen Fehler innerhalb des Datenblocks festgestellt hat, dann wird die Datenübertragung sofort wieder mit Schritt 1 gestartet. Wird nach mehrfacher Wiederholung des Datenblocks immer noch keine positive Rückmeldung gesendet, so sollte der Datenverkehr mit EOT beendet werden, damit der Bus wieder frei wird. Die Anzahl der zulässigen Wiederholungen kann anwendungsspezifisch festgelegt werden, die Norm empfiehlt maximal 2 zulässige Wiederholungen.

Wird in Schritt 2 innerhalb der Antwortüberwachungszeit T_A keine oder eine fehlerhafte Rückmeldung empfangen, so wird die Rückmeldung durch Senden von ENQ erneut angefordert. Diese Anforderung wird maximal zweimal gesendet, danach wird die Datenübermittlung mit EOT beendet.

Jeder Fehler an einem der Steuerzeichen, der innerhalb der Datenübermittlungsphase durch die empfangende Leitstation erkannt wird, führt zur Beendigung der Datenübertragung. Die Leitstation sendet in diesem Fall EOT und geht in den Grundzustand über.

Ist hingegen der Teilnehmer die Datensenke bei einer Übertragung, so verliert dieser die Synchronisation mit der Leitstation. Diese registriert diesen Störfall dadurch, daß die anschließende Rückmeldung innerhalb der Antwortüberwachungszeit T_A ausbleibt. Die Leitstation sendet daraufhin eine Aufforderung zur Rückmeldung ENQ, der Teilnehmer antwortet mit einer negativen Rückmeldung NAK, worauf die Leitstation die Übertragung des Datenblocks wiederholt.

2.6.3 Abschlußphase

Die Abschlußphase beendet jede Datenübertragung. Die Datenquelle sendet EOT und geht in den Grundzustand über. Die empfangende Datensenke reagiert auf das Zeichen EOT ebenfalls mit dem Grundzustand. Wird die Meldung EOT eines Teilnehmers gestört, so führt der Ablauf der Betriebsüberwachungszeit T_C ebenfalls zum Grundzustand der Leitstation.

Die Betriebsüberwachungszeit T_C ist ebenso wie die Antwortüberwachungszeit T_A zur Erkennung von Störungen des Datenverkehrs vorgesehen. Beide Zeiten sind mit der jeweils gewählten Übertragungsrate verknüpft:

- Antwortüberwachungszeit T_A: Die Antwortüberwachungszeit wird von der jeweiligen Datenquelle mit der Aussendung des Zeichens ENQ oder BCC gestartet. Antwortet die Datensenke nicht innerhalb dieser Zeit, so wird durch Aussenden der Zustandsabfrage ENQ maximal zweimal eine Antwort angefordert. Die Zeit T_A berücksichtigt vor allem die beim Empfänger einer Nachricht benötigte Reaktionszeit auf eine Datenübertragung und die notwendige Zeit zur Berechnung und Überprüfung des Blockprüfzeichens BCC. Sie beträgt

$$T_A = 20 \cdot t_{ZEICHEN} = 20 \cdot \frac{10}{\text{Baudrate}} = \frac{200}{\text{Baudrate}}$$

- Betriebsüberwachungszeit T_C: Die Betriebsüberwachungszeit beginnt nach Übergabe des Senderechts an den adressierten Teilnehmer. Innerhalb dieser Zeit muß die gesamte Nachricht des Teilnehmers übertragen worden sein. Nach Ablauf von T_C nimmt die Leitstation das Senderecht durch Aussenden von EOT zurück. Die Betriebsüberwachungszeit T_C beträgt:

$$T_C = 4 \cdot t_{BLOCK} = 4 \cdot 128 \cdot t_{ZEICHEN} = \frac{4 \cdot 128 \cdot 10}{\text{Baudrate}} = \frac{5120}{\text{Baudrate}}$$

Innerhalb eines Datenblocks darf der Abstand zwischen zwei aufeinanderfolgenden Zeichen maximal $0{,}25 \cdot T_A$ betragen.

2.6.4 Datensicherungsverfahren

Zur Erkennung von Übertragungsfehlern werden die übertragenen Daten durch Prüfzeichen ergänzt. Hierbei werden zwei unterschiedliche Verfahren angewendet.

- Jedes Zeichen, also auch sämtliche Steuerzeichen, werden mit einem zusätzlichen Paritätsbit versehen. Dieses Paritätsbit wird so gewählt, daß die Modulo-2-Summe eines Zeichens einschließlich Paritätsbit 0 ergibt (gerade Parität).

- Jeder übertragene Datenblock wird zusätzlich mit einem Blockprüfzeichen BCC ergänzt (Bild 2.9). Jedes der ersten sieben Bit dieses Zeichen stellt für sich genommen ein weiteres Paritätsbit dar, das aus sämtlichen Bits der Nachricht an der gleichen Stelle gewonnen wird. Auch hier wird das Paritätsbit so gewählt, daß sich eine gerade Parität ergibt. Das Blockprüfzeichen wird, genau wie alle anderen Zeichen der Nachricht, um ein weiteres Paritätsbit zur Absicherung ergänzt (Bild 2.10).

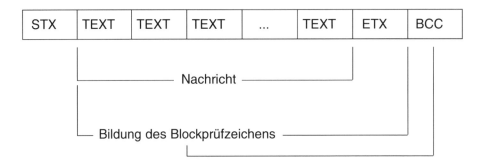

Bild 2.9 Bildung des Blockprüfzeichens BCC

Bei jeder Übertragung werden alle Prüfbits und -zeichen von der Datenquelle gebildet und zusammen mit der Nachricht übertragen. Die Datensenke erzeugt die Zeichen ein zweites Mal nach dem gleichen Verfahren und vergleicht sie. Eine Nichtübereinstimmung führt zum Fehlerfall und einer negativen Rückmeldung NAK. Eine Nachricht gilt erst dann wirklich als übertragen, wenn der Empfänger nach erfolgreicher Überprüfung eine positive Rückmeldung DLE 31 sendet. Frühestens zu diesem Zeitpunkt darf die Datenquelle diese Nachricht mit neuen Daten überschreiben.

2.7 Softwareverfahren

Zeichen	Bit0	Bit1	Bit2	Bit3	Bit4	Bit5	Bit6		Parity
STX	0	1	0	0	0	0	0	-->	1
T	0	0	1	0	1	0	1	-->	1
E	1	0	1	0	0	0	1	-->	1
S	1	1	0	0	1	0	1	-->	0
T	0	0	1	0	1	0	1	-->	1
T	0	0	1	0	1	0	1	-->	1
E	1	0	1	0	0	0	1	-->	1
X	0	0	0	1	1	0	1	-->	1
T	0	0	1	0	1	0	1	-->	1
ETX	1	1	0	0	0	0	0	-->	0
	∣	∣	∣	∣	∣	∣	∣		
BCC	0	1	0	1	0	0	0	-->	0

Bild 2.10 Aus den gleichwertigen Bits einer Nachricht wird das Zeichen BCC errechnet

2.7 Softwareverfahren

Die Umsetzung des DIN-Meßbus-Protokolls auf einen Mikroprozessor ist nicht weiter schwierig. Für jeden Teilnehmer sind zwei grundsätzliche Programmteile erforderlich: ein Sende- und ein Empfangsprogramm. Die Verwaltung und Auswertung der übertragenen Daten wird dann in einem übergeordneten Programm durchgeführt.

Um von bestimmten Mikroprozessortypen und Programmiersprachen unabhängig zu sein, werden die verschiedenen Programmstrukturen nachfolgend rein textlich dargestellt. Dies gestattet es auch einem Nicht-Programmierer, den jeweiligen Ablauf nachzuvollziehen und zu verstehen.

2.7.1 Teilnehmerprogramm

Jeder Teilnehmer ist zu jedem Zeitpunkt empfangsbereit. Jeder Teilnehmer hört jede Sendung der Leitstation mit und entscheidet anhand der übertragenen Geräteadressen, ob die folgende Nachricht für ihn bestimmt ist. Wenn ein Teilnehmer selbst Daten für die

Leitstation oder einen anderen Teilnehmer hat, muß er solange warten, bis die Leitstation ihm das Senderecht mit einer entsprechenden Nachricht übergibt. Der Grundzustand eines Teilnehmers besteht daher darin, den Empfangskanal abzufragen und auf eine Aufforderung zu warten.

2.7.1.1 Teilnehmer Empfangsprogramm

Um vom Grundzustand in das Empfangsprogramm über zu gehen, gibt es für den Teilnehmer zwei Möglichkeiten: eine direkte Aufforderung mit **<EADR> ENQ** oder den Gruppenempfangsschnellaufruf **<RADR>**.

- Direkte Aufforderung: Empfängt der Teilnehmer eine für ihn bestimmte Aufforderung **<EADR> ENQ**, so überprüft er seine Empfangsbereitschaft. Eine der grundlegenden Eigenschaften des DIN-Meßbus-Systems besteht in der abgesicherten Übertragung. Der ganze Aufwand, der hier getrieben wird, hat natürlich nur dann einen Sinn, wenn auch für eine gesicherte Weiterverarbeitung der Daten gesorgt werden kann. Wenn nun also ein Teilnehmer die Daten, die er bei einer vorausgegangenen Übertragung bekommen hat, noch nicht vollkommen verarbeiten konnte, so antwortet er auf eine erneute Aufforderung mit einer negativen Quittung **<EADR> NAK**. Er teilt damit der Leitstation diesen Zustand mit. Diese kann die Übertragung der neuen Daten auf einen späteren Zeitpunkt verschieben oder aber, je nach Anwendung, aus der noch nicht durchgeführten Verarbeitung des letzten Datenblocks auf einen Fehler beim angesprochenen Teilnehmer schließen und eine entsprechende Reaktion auslösen. Wichtig ist aber: es können keine Daten verloren gehen oder überschrieben werden.

  Stellt der Teilnehmer seine eigene Empfangsbereitschaft fest, so gibt er statt dessen eine positive Rückmeldung **<EADR> DLE 31** an die Leitstation aus und geht in die Wartestellung auf den Beginn der Datenübertragung.

  Empfängt der Teilnehmer während dieses Zeitraums das Zeichen **EOT**, so bricht er den Vorgang ab und geht zurück in den Grundzustand.

- Gruppenempfangsschnellaufruf: Wird der Teilnehmer über den Gruppenempfangsschnellaufruf **<RADR>** zum Empfang von Daten aufgefordert, so findet keine Prüfung der Empfangsbereitschaft und keine Rückmeldung statt. Aus diesem Grund sollte für diese spezielle Übertragung ein eigener Datenbereich im Speicher des Teilnehmers zur Verfügung stehen, damit die Integrität aller anderen Daten gewährleistet werden kann. Da auch der Empfang dieser Daten der Leitstation gegenüber nicht quittiert wird, ist bei dieser Art der Datenübertragung nicht die normalerweise vorhandene hohe Datensicherheit des DIN-Meßbus-Systems gegeben. Es sollten daher mit diesem Verfahren nur untergeordnete Informationen übertragen werden.

2.7 Softwareverfahren

Jeder Teilnehmer geht sofort nach dem Empfang des Aufrufs direkt in die Wartestellung auf den Beginn der Datenübertragung über.

Empfängt der Teilnehmer während dieses Zeitraums das Zeichen **EOT**, so bricht er den Vorgang ab und geht zurück in den Grundzustand.

Innerhalb der Warteschleife auf den Beginn der Datenübertragung werden vom Empfangsprogramm verschiedene Steuerzeichen ausgewertet:

- **EOT** bricht die Datenübertragung ab, der Teilnehmer geht zurück in seinen Grundzustand.

- Eine Aufforderung **ENQ** veranlaßt das Empfangsprogramm, der Leitstation eine negative Rückmeldung **NAK** zu geben und erneut in die Wartestellung auf den Beginn der Datenübertragung über zu gehen. Dieser Fall kann eintreten, wenn das von der Leitstation gesendete Zeichen **STX** verstümmelt übertragen wird, so daß die Synchronisation zwischen Leitstation und Teilnehmer nicht mehr besteht. Die Leitstation überträgt in diesem Fall den gesamten Datenblock, aber der Teilnehmer übernimmt ihn nicht, da er immer noch in seiner Warteschleife hängt. Erst dann, wenn die positive Quittung des Teilnehmers für den Datenblock ausbleibt, sendet die Leitstation eine Aufforderung **ENQ**. Durch die darauffolgende negative Antwort **NAK** des Teilnehmers wird sie veranlaßt, die gesamte Übertragung des Datenblocks, beginnend mit dem Startzeichen **STX**, zu wiederholen.

- Mit **STX** wird der Beginn des Datenblocks gekennzeichnet, die Übertragung der Daten beginnt direkt daran anschließend.

Der Teilnehmer empfängt den Datenblock Zeichen für Zeichen und überträgt ihn in einen internen Puffer. Der Datenblock darf alle Zeichen des 7-bit-ASCII-Codes mit Ausnahme der vom DIN-Meßbus-Protokoll verwendeten Steuerzeichen enthalten. Folgende Steuerzeichen werden während der Übertragung des Datenblocks vom Empfangsprogramm direkt ausgewertet:

- **EOT** bricht die Datenübertragung ab, der Teilnehmer geht zurück in seinen Grundzustand.

- Eine Aufforderung **ENQ** veranlaßt das Empfangsprogramm, der Leitstation eine negative Rückmeldung **NAK** zu geben und erneut in die Wartestellung auf den Beginn der Datenübertragung über zu gehen. Dieser Fall kann eintreten, wenn die von der Leitstation gesendeten Zeichen **ETB** oder **ETX** verstümmelt übertragen werden, so daß die Synchronisation zwischen Leitstation und Teilnehmer nicht mehr besteht. Wenn die positive Quittung des Teilnehmers für den übertragenen Datenblock ausbleibt, sendet die Leitstation eine Aufforderung **ENQ**. Durch die darauffolgende negative Antwort NAK des Teilnehmers wird sie veranlaßt, die gesamte Übertragung des Datenblocks, beginnend mit dem Startzeichen **STX**, zu wiederholen.

- **ETB** oder **ETX**: Mit einem dieser Zeichen wird das Ende des Datenblocks markiert, das Empfangsprogramm geht über in eine Warteschleife zum Empfang des Blockprüfzeichens **BCC**.

Wird anstelle des Blockprüfzeichens das Zeichen **EOT** empfangen, so wird die Datenübertragung abgebrochen, der Teilnehmer geht zurück in seinen Grundzustand.

Sobald der Teilnehmer das Blockprüfzeichen **BCC** empfängt, beginnt die Überprüfung des gesamten Datenblocks. Dazu errechnet der Teilnehmer selbst aus diesen Daten ein eigenes Blockprüfzeichen. Stimmen beide Zeichen überein und trat während der gesamten Übertragung kein einziger Paritätsfehler auf, so antwortet der Teilnehmer mit einer positiven Rückmeldung **DLE 31**. Diese Rückmeldung muß von der Leitstation gegenbestätigt werden, der Teilnehmer geht daher in die Wartestellung auf die Rückmeldung der Leitstation. Empfängt er von der Leitstation das Zeichen **ENQ**, so wiederholt er seine positive Rückmeldung. Empfängt er von der Leitstation **EOT**, so ist die Übertragung erfolgreich abgeschlossen, der Teilnehmer kann zur Verarbeitung der empfangenen Daten übergehen.

Führt die Überprüfung des Blockprüfzeichens zu einer Fehlermeldung, so gibt der Teilnehmer eine negative Quittung **NAK** an die Leitstation zurück. Er geht im Anschluß daran zurück in die Warteschleife auf den Beginn der Datenübertragung, um diese zu wiederholen.

2.7.1.2 Teilnehmer Sendeprogramm

Um vom Grundzustand in das Sendeprogramm über zu gehen, muß der Teilnehmer zuvor das Senderecht von der Leitstation übertragen bekommen. Dazu sendet die Leitstation die Aufforderung **\<SADR\> ENQ**.

- Empfängt der Teilnehmer eine für ihn bestimmte Aufforderung **\<SADR\> ENQ**, so überprüft er seine Sendebereitschaft. Da das Polling der Leitstation vollkommen asynchron zum Teilnehmerprozeß abläuft, kann es vorkommen, daß das übergeordnete Programm noch nicht mit der Formulierung einer Nachricht für die Leitstation fertig geworden ist. In diesem Fall antwortet das Sendeprogramm mit der negativen Rückmeldung **\<SADR\> NAK** und gibt damit das Senderecht an die Leitstation zurück. Diese kann die Abfrage der Daten auf einen späteren Zeitpunkt verschieben oder aber, je nach Anwendung, aus der nicht vorhandenen Sendebereitschaft auf einen Fehler beim angesprochenen Teilnehmer schließen und eine entsprechende Reaktion auslösen.

  Stellt der Teilnehmer seine eigene Sendebereitschaft fest, so gibt er statt dessen eine positive Rückmeldung **\<SADR\> DLE 30** an die Leitstation aus und geht in die Datenübertragung über.

- Empfängt der Teilnehmer während dieses Zeitraums das Zeichen **EOT**, so bricht er den gesamten Vorgang ab und geht zurück in den Grundzustand.

Vor dem Beginn der eigentlichen Datenübertragung wird eine Variable 'Antwortzähler' auf 0 gesetzt. Diese zählt die Anzahl der Wiederholungen im Fehlerfall. Um die Busbelastung durch einen defekten Teilnehmer niedrig zu halten, wird so die maximal mögliche Anzahl an Wiederholungen begrenzt.

Sofort anschließend beginnt der Teilnehmer mit der Übertragung seiner Daten an die Leitstation. Der gesamte Telegrammaufbau mit Steuerzeichen **STX**, **SOH**, **ETX**, **ETB** und dem Blockprüfzeichen **BCC** muß zuvor vom übergeordneten Prozeß des Teilnehmerprogramms durchgeführt worden sein. Das Sendeprogramm sorgt nur für die ordnungsgemäße Übertragung an die Leitstation.

Sendet die Leitstation während der Übertragung das Zeichen **EOT**, so muß die Übertragung durch den Teilnehmer abgebrochen werden.

Nach Ablauf der Datenübertragung setzt das Sendeprogramm eine weitere Variable 'Aufforderungszähler' auf 0 und startet die Antwortüberwachungszeit T_A. Trifft während dieser Zeit keine Antwort von der Leitstation ein, so sendet der Teilnehmer die Aufforderung **ENQ** und erhöht gleichzeitig den Aufforderungszähler um 1. Anschließend startet er die Antwortüberwachungszeit T_A erneut. Liegt nach drei Versuchen immer noch keine Antwort der Leitstation vor, so bricht das Sendeprogramm mit der Übertragung von **EOT** den Vorgang ab und meldet den aufgetretenen Fehler an das übergeordnete Programm.

Wenn die Leitstation sich korrekt innerhalb der Antwortüberwachungszeit T_A meldet, so gibt es auch hier zwei Möglichkeiten:

- Positive Rückmeldung **DLE 31**. Die Leitstation hat den gesendeten Text empfangen, die Überprüfung des Blockprüfzeichens **BCC** war erfolgreich, die Übertragung des Datenblocks ist beendet. Das Sendeprogramm des Teilnehmers quittiert den Erhalt der Meldung mit **EOT** und meldet seinerseits diesen Zustand an sein übergeordnetes Programm.

- Negative Rückmeldung **NAK**: Das Sendeprogramm erhöht seinen Antwortzähler. Ist die zulässige Anzahl an Wiederholungen noch nicht erreicht, so wird der gesamte Datenblock erneut übertragen. Im anderen Fall bricht das Sendeprogramm die Übertragung mit **EOT** ab und meldet einen Fehler an das übergeordnete Programm.

Während der gesamten Antwortüberwachungszeit T_A kann die Leitstation die Datenübertragung durch Aussenden von **EOT** abbrechen.

2.7.2 Programm für die Leitstation

Der hier vorgestellte Programmablauf für die Leitstation umfaßt nur die Aspekte der Datenübertragung. Alle anderen Aufgaben, wie Polling, Prioritätsverwaltung, Abwicklung von Querverkehr und Kommunikation mit übergeordneten Prozessen sind je nach Aufgabenstellung hinzuzufügen und zu ergänzen.

2.7.2.1 Leitstation Empfangsprogramm

Das Empfangsprogramm der Leitstation muß beim gewünschten Teilnehmer die Aussendung von Daten auslösen. Dazu muß es diesem das Senderecht übertragen. Dazu sendet die Leitstation die Aufforderung **<SADR> ENQ** an den Teilnehmer aus und startet gleichzeitig die Antwortüberwachungszeit T_A. Anschließend geht sie in eine Warteschleife.

- Der Teilnehmer meldet sich nicht innerhalb der Antwortüberwachungszeit T_A: Die Leitstation bricht den Vorgang ab und sendet **EOT**. An den übergeordneten Prozeß erfolgt eine Meldung, daß der Teilnehmer nicht reagiert.

- Negative Rückmeldung **<SADR> NAK**: Der Teilnehmer hat zur Zeit keine Daten. Die Leitstation antwortet mit **EOT** und meldet an den übergeordneten Prozeß.

- Positive Rückmeldung **<SADR> DLE 30**: Der Teilnehmer verfügt über Daten und wird sofort mit der Übertragung beginnen.

Sofort nach Erhalt einer positiven Rückmeldung startet die Leitstation die Betriebsüberwachungszeit T_C, innerhalb der ein kompletter Datenblock übertragen sein muß. Anschließend geht sie in eine Warteschleife auf den Beginn der Datenübertragung.

Innerhalb dieser Warteschleife werden vom Empfangsprogramm verschiedene Steuerzeichen ausgewertet:

- **EOT** bricht die Datenübertragung ab, die Leitstation sendet ihrerseits **EOT** und geht zurück in ihren Grundzustand.

- Eine Aufforderung **ENQ** veranlaßt das Empfangsprogramm, dem Teilnehmer eine negative Rückmeldung **NAK** zu geben und erneut in die Wartestellung auf den Beginn der Datenübertragung über zu gehen. Dieser Fall kann eintreten, wenn das vom Teilnehmer gesendete Zeichen **STX** verstümmelt übertragen wird, so daß die Synchronisation zwischen Leitstation und Teilnehmer nicht mehr besteht. Der Teilnehmer überträgt in diesem Fall den gesamten Datenblock, aber die Leitstation übernimmt ihn nicht, da sie immer noch in seiner Warteschleife hängt. Erst dann, wenn die positive Quittung der Leitstation für den Datenblock ausbleibt, sendet der Teilnehmer eine Aufforderung **ENQ**. Durch die darauffolgende negative Antwort **NAK** der Leitstation wird er veranlaßt, die gesamte Übertragung des Datenblocks, beginnend mit dem Startzeichen **STX**, zu wiederholen.

- Mit **STX** oder **SOH** wird der Beginn des Datenblocks gekennzeichnet, die Übertragung der Daten beginnt direkt daran anschließend.

- Läuft die Betriebsüberwachungszeit T_C ab, ohne daß die Datenübertragung beginnt, so bricht die Leitstation durch Aussenden von **EOT** den Vorgang ab.

Die Leitstation empfängt den Datenblock Zeichen für Zeichen und überträgt ihn in einen internen Puffer. Der Datenblock darf alle Zeichen des 7-bit-ASCII-Codes mit Ausnahme der vom DIN-Meßbus-Protokoll verwendeten Steuerzeichen enthalten. Folgende Steuerzeichen werden während der Übertragung des Datenblocks vom Empfangsprogramm der Leitstation direkt ausgewertet:

- **EOT** bricht die Datenübertragung ab, die Leitstation geht zurück in ihren Grundzustand.

- Eine Aufforderung **ENQ** veranlaßt das Empfangsprogramm, dem Teilnehmer eine negative Rückmeldung **NAK** zu geben und erneut in die Wartestellung auf den Beginn der Datenübertragung über zu gehen. Dieser Fall kann eintreten, wenn die vom Teilnehmer gesendeten Zeichen **ETB** oder **ETX** verstümmelt übertragen werden, so daß die Synchronisation zwischen Leitstation und Teilnehmer nicht mehr besteht. Wenn die positive Quittung der Leitstation für den zuvor übertragenen Datenblock ausbleibt, sendet der Teilnehmer eine Aufforderung **ENQ**. Durch die darauffolgende negative Antwort **NAK** der Leitstation wird er veranlaßt, die gesamte Übertragung des Datenblocks, beginnend mit dem Startzeichen **STX**, zu wiederholen.

- **ETB** oder **ETX**: Mit einem dieser Zeichen wird das Ende des Datenblocks markiert, das Empfangsprogramm geht über in eine Warteschleife zum Empfang des Blockprüfzeichens **BCC**.

Wird anstelle des Blockprüfzeichens das Zeichen **EOT** empfangen, so wird die Datenübertragung abgebrochen, die Leitstation geht zurück in ihren Grundzustand.

Sobald die Leitstation das Blockprüfzeichen **BCC** empfängt, beginnt die Überprüfung des gesamten Datenblocks. Dazu errechnet die Leitstation selbst aus diesen Daten ein eigenes Blockprüfzeichen. Stimmen beide Zeichen überein und trat während der gesamten Übertragung kein einziger Paritätsfehler auf, so antwortet die Leitstation mit einer positiven Rückmeldung **DLE 31**. Diese Rückmeldung muß vom Teilnehmer gegenbestätigt werden, die Leitstation geht daher in die Wartestellung auf die Rückmeldung des Teilnehmers. Empfängt sie vom Teilnehmer das Zeichen **ENQ**, so wiederholt sie ihre positive Rückmeldung erneut. Empfängt sie vom Teilnehmer das Zeichen **EOT**, so ist die Übertragung erfolgreich abgeschlossen, dem übergeordneten Prozeß werden die empfangenen Daten zur Verarbeitung übergeben.

Führt die Überprüfung des Blockprüfzeichens zu einer Fehlermeldung, so gibt die Leitstation eine negative Quittung **NAK** an den Teilnehmer zurück. Sie geht im Anschluß daran zurück in die Warteschleife auf den Beginn der Datenübertragung, um diese zu wiederholen.

2.7.2.2 Leitstation Sendeprogramm

Wenn die Leitstation Daten an einen Teilnehmer übertragen will, muß sie zuerst dessen Empfangsbereitschaft prüfen. Dazu sendet sie die Aufforderung **<EADR> ENQ** aus. Anschließend startet sie die Antwortüberwachungszeit T_A und geht in eine Warteschleife über.

- Negative Rückmeldung **NAK**: Empfängt der angesprochene Teilnehmer eine für ihn bestimmte Aufforderung **<EADR> ENQ**, so überprüft er seine Empfangsbereitschaft. Da das Polling der Leitstation vollkommen asynchron zum Teilnehmerprozeß abläuft, kann es vorkommen, daß das übergeordnete Programm des Teilnehmers noch nicht mit der Auswertung der letzten Nachricht fertig geworden ist. In diesem Fall antwortet der Teilnehmer mit der negativen Rückmeldung **<EADR> NAK**. Die Leitstation kann die Übertragung der Daten auf einen späteren Zeitpunkt verschieben oder aber, je nach Anwendung, aus der nicht vorhandenen Empfangsbereitschaft auf einen Fehler beim angesprochenen Teilnehmer schließen und eine entsprechende Reaktion auslösen.

- Positive Rückmeldung **<EADR> 30**: Stellt der Teilnehmer seine eigene Empfangsbereitschaft fest, so gibt er statt dessen eine positive Rückmeldung **<EADR> DLE 30** an die Leitstation aus.

  - Ablauf der Antwortüberwachungszeit T_A: Die Leitstation bricht den Vorgang ab und sendet **EOT**.

Vor dem Beginn der eigentlichen Datenübertragung wird eine Variable 'Antwortzähler' auf 0 gesetzt. Diese zählt die Anzahl der Wiederholungen im Fehlerfall. Um die Busbelastung durch einen defekten Teilnehmer niedrig zu halten, wird so die maximal mögliche Anzahl an Wiederholungen begrenzt.

Sofort anschließend beginnt die Leitstation mit der Übertragung ihrer Daten an den Teilnehmer. Der gesamte Telegrammaufbau mit Steuerzeichen **STX**, **ETX**, **ETB** und dem Blockprüfzeichen **BCC** muß zuvor vom übergeordneten Prozeß der Leitstation durchgeführt worden sein. Das Sendeprogramm sorgt nur für die ordnungsgemäße Übertragung an den Teilnehmer.

Nach Ablauf der Datenübertragung setzt das Sendeprogramm eine weitere Variable 'Aufforderungszähler' auf 0 und startet die Antwortüberwachungszeit T_A. Trifft während dieser Zeit keine Antwort vom Teilnehmer ein, so sendet die Leitstation die Aufforderung **ENQ** und erhöht gleichzeitig den Aufforderungszähler um 1. Anschließend startet sie die Antwortüberwachungszeit T_A erneut. Liegt nach drei Versuchen immer noch keine Antwort des Teilnehmers vor, so bricht das Sendeprogramm mit der Übertragung von **EOT** den Vorgang ab und meldet den aufgetretenen Fehler an das übergeordnete Programm.

Wenn der Teilnehmer sich korrekt innerhalb der Antwortüberwachungszeit T_A meldet, so gibt es auch hier zwei Möglichkeiten:

- Positive Rückmeldung **DLE 31**. Der Teilnehmer hat den gesendeten Text empfangen, die Überprüfung des Blockprüfzeichens **BCC** war erfolgreich, die Übertragung des Datenblocks ist beendet. Das Sendeprogramm quittiert den Erhalt der Meldung mit **EOT** und meldet seinerseits diesen Zustand an das übergeordnete Programm.

- Negative Rückmeldung **NAK**: Das Sendeprogramm erhöht seinen Antwortzähler. Ist die zulässige Anzahl an Wiederholungen noch nicht erreicht, so wird der gesamte Datenblock erneut übertragen. Im anderen Fall bricht das Sendeprogramm die Übertragung mit **EOT** ab und meldet einen Fehler an das übergeordnete Programm.

Eine Ausnahme vom zuvor dargestellten Programmablauf bildet der Gruppenempfangsschnellaufruf **<RADR>**. In diesem Fall wird ohne jegliche Überprüfung nach der Übertragung des Zeichens **<RADR>** der gewünschte Datenblock ausgesendet und mit **EOT** abgeschlossen.

Der Gruppenempfangsschnellaufruf verzichtet bewußt auf die sichernden Mechanismen, die der DIN-Meßbus an sich bietet. Er ist gedacht zur schnellen Übertragung von allgemeinen Daten und Parametern an sämtliche Teilnehmer gleichzeitig.

2.8 Elektrische Realisierung

Da dieses Buch sich besonders an Geräteentwickler wendet, wird in den folgenden Seiten eine Auswahl an Bausteinen vorgestellt, die für die Realisierung einer DIN-Meßbus-Schnittstelle verwendet werden können. Die Zusammenstellung erfolgte rein willkürlich, es gibt mit Sicherheit weitere Bausteine anderer Hersteller, die für diesen Zweck geeignet sind.

Die Reihenfolge wurde von außen nach innen gewählt, die Aufzählung beginnt also mit Bausteinen für den Anschluß der Übertragungsleitung, danach folgen Elemente zur galvanischen Trennung, dann Bausteine für die Erzeugung des seriellen Datenstroms. Den Abschluß bilden Mikroprozessoren und fertige Bausteine, die das gesamte DIN-Meßbus-Protokoll bereits beinhalten.

2.8.1 Bausteine für die RS 485-Schnittstelle

Der DIN-Meßbus benutzt als Übertragungssystem die differentielle Datenübertragung nach RS 485. Diese schreibt eine verdrillte Zweidrahtleitung (twisted pair) als Verbindungselement vor. Der Signalpegel beträgt ±5 V. Da der DIN-Meßbus mit einer

Voll-Duplex-Verbindung arbeitet, sind zwei getrennte Übertragungswege für den Sende- und Empfangskanal notwendig.

2.8.1.1 Leitungstreiber

RS 485-Leitungstreiber sind meistens vierfach in einem IC verpackt. Es gibt hier zwei sehr ähnliche Pinbelegungen. Bild 2.11 zeigt die Ausführung mit gemeinsamem Strobe-Signal, das sowohl High- wie auch Low-aktiv benutzt werden kann. Die Funktionstabelle eines einzelnen Treibers lautet:

Eingang	Enable		Ausgänge	
DI	EN	/EN	OUT A	OUT B
1	1	X	1	0
0	1	X	0	1
1	X	0	1	0
0	X	0	0	1
X	0	1	Z	Z

Es bedeuten: 0 = Low
1 = High
X = ohne Bedeutung
Z = hohe Impedanz (3-State)

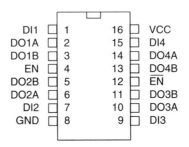

Bild 2.11 Vierfach RS 485-Treiber mit gemeinsamem Strobe-Signal

2.8 Elektrische Realisierung

Die Funktionen der einzelnen Pins sind:

Pin	Name	Funktion
1	DI1	Treiber 1 Eingang
2	DO1A	Treiber 1 Ausgang A nichtinvertierend
3	DO1B	Treiber 1 Ausgang B invertierend
4	EN	Enable
5	DO2B	Treiber 2 Ausgang B invertierend
6	DO2A	Treiber 2 Ausgang A nichtinvertierend
7	DI2	Treiber 2 Eingang
8	GND	Versorgung Masse
9	DI3	Treiber 3 Eingang
10	DO3A	Treiber 3 Ausgang A nichtinvertierend
11	DO3B	Treiber 3 Ausgang B invertierend
12	/EN	Enable
13	DO4B	Treiber 4 Ausgang B invertierend
14	DO4A	Treiber 4 Ausgang A nichtinvertierend
15	DI4	Treiber 4 Eingang
16	VCC	Versorgung +5 V

Bausteine mit dieser Pinbelegung sind von verschiedenen Herstellern unter folgenden Bezeichnungen zu erhalten:

SN75172
DS96172
uA96172
LTC486

Die alternativ erhältliche Pinbelegung bei RS 485-Treibern zeigt Bild 2.12. Hier sind jeweils zwei Treiber mit einem gemeinsamen Strobesignal zusammengefaßt, so daß sie getrennt voneinander benutzt werden können. Die Funktionstabelle ist in diesem Fall weniger umfangreich:

Eingang	Enable	Ausgänge	
DI	EN	OUT A	OUT B
1	1	1	0
0	1	0	1
X	0	Z	Z

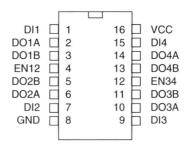

Bild 2.12 Vierfach RS 485-Treiber in zwei Gruppen

Die Funktionen der einzelnen Pins sind bei dieser Variante:

Pin	Name	Funktion
1	DI1	Treiber 1 Eingang
2	DO1A	Treiber 1 Ausgang A nichtinvertierend
3	DO1B	Treiber 1 Ausgang B invertierend
4	EN12	Enable Treiber 1 und 2
5	DO2B	Treiber 2 Ausgang B invertierend
6	DO2A	Treiber 2 Ausgang A nichtinvertierend
7	DI2	Treiber 2 Eingang
8	GND	Versorgung Masse
9	DI3	Treiber 3 Eingang
10	DO3A	Treiber 3 Ausgang A nichtinvertierend
11	DO3B	Treiber 3 Ausgang B invertierend
12	EN34	Enable Treiber 3 und 4
13	DO4B	Treiber 4 Ausgang B invertierend
14	DO4A	Treiber 4 Ausgang A nichtinvertierend
15	DI4	Treiber 4 Eingang
16	VCC	Versorgung +5 V

Die Bezeichnungen dieser Bausteine lauten:

SN75174
DS96174
uA96174
LTC487

2.8.1.2 Empfänger

Zu jedem der vorgestellten Leitungstreiber-ICs gibt es den entsprechenden Empfänger-Baustein. Bild 2.13 zeigt die Variante mit gemeinsamem Strobe-Signal, über das alle vier Empfänger ein- und ausgeschaltet werden können.

Die Funktionstabelle eines einzelnen Empfängers lautet:

Eingang	Enable		Ausgang
A-B	EN	/EN	RO
VIN > 0,2 V	1	X	1
VIN > 0,2 V	X	0	1
-0,2 V < VIN < 0,2 V	1	X	?
-0,2 V < VIN < 0,2 V	X	0	?
VIN < 0,2 V	0	X	0
VIN < 0,2 V	X	0	0
X	0	1	Z

Die Pinfunktionen des Empfängerbausteins sind:

Pin	Name	Funktion
1	B1	Empfänger 1 invertierender Eingang
2	A1	Empfänger 1 nichtinvertierender Eingang
3	RO1	Empfänger 1 Ausgang
4	EN	Enable
5	RO1	Empfänger 2 Ausgang
6	A1	Empfänger 2 nichtinvertierender Eingang
7	B1	Empfänger 2 invertierender Eingang
8	GND	Versorgung Masse
9	B1	Empfänger 3 invertierender Eingang
10	A1	Empfänger 3 nichtinvertierender Eingang
11	RO1	Empfänger 3 Ausgang
12	/EN	Enable
13	RO1	Empfänger 4 Ausgang
14	A1	Empfänger 4 nichtinvertierender Eingang
15	B1	Empfänger 4 invertierender Eingang
16	VCC	Versorgung +5 V

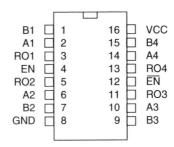

Bild 2.13 Vierfach RS 485-Empfänger mit gemeinsamem Strobe-Signal

Die Bezeichnungen der Empfängerbausteine lauten:

SN75173
LTC488

Die Alternativausführung mit zwei voneinander getrennten Zweiergruppen zeigt Bild 2.14. Die vereinfachte Funktionstabelle lautet in diesem Fall:

Eingang A-B	Enable EN	Ausgang RO
VIN > 0,2 V	1	1
-0,2 V < VIN < 0,2 V	1	?
VIN < 0,2 V	1	0
X	0	Z

Die Funktionen der einzelnen Pins dieser Ausführung lauten:

Pin	Name	Funktion
1	B1	Empfänger 1 invertierender Eingang
2	A1	Empfänger 1 nichtinvertierender Eingang
3	RO1	Empfänger 1 Ausgang
4	EN12	Enable Empfänger 1 und 2

2.8 Elektrische Realisierung

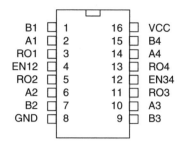

Bild 2.14 Vierfach RS 485-Empfänger in zwei getrennten Gruppen

Pin	Name	Funktion
5	RO1	Empfänger 2 Ausgang
6	A1	Empfänger 2 nichtinvertierender Eingang
7	B1	Empfänger 2 invertierender Eingang
8	GND	Versorgung Masse
9	B1	Empfänger 3 invertierender Eingang
10	A1	Empfänger 3 nichtinvertierender Eingang
11	RO1	Empfänger 3 Ausgang
12	EN34	Enable Empfänger 3 und 4
13	RO1	Empfänger 4 Ausgang
14	A1	Empfänger 4 nichtinvertierender Eingang
15	B1	Empfänger 4 invertierender Eingang
16	VCC	Versorgung +5 V

Die Bezeichnungen dieser Empfängerbausteine lauten:

SN75175
LTC489

2.8.1.3 Kombinierte Sender/Empfänger

Speziell für die Konstruktion kompakter Geräte ist der Einsatz eines kombinierten Bausteins von Vorteil, da der DIN-Meßbus nur je einen Sender und Empfänger zur Busankopplung benötigt. Bild 2.15 zeigt die Pinbelegung eines solchen Bausteins. Sowohl der Empfänger wie auch der Sender verfügen über eigene Strobe-Eingänge, wobei der Strobe-Eingang des Senders der wichtigere ist, da der Sender bei Nichtbenutzung hochohmig geschaltet werden muß.

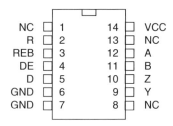

Bild 2.15 Kombinierter Sender und Empfänger

Die Funktionen von Sender und Empfänger entsprechen den zuvor dargestellten Bausteinen, so daß auf die Wiedergabe der Funktionstabellen verzichtet werden kann.

Die Funktionen der einzelnen Pins lauten:

Pin	Name	Funktion
1	NC	Nicht benutzt
2	R	Empfänger Ausgang
3	REN	Empfänger Enable
4	DE	Treiber Enable
5	D	Treiber Eingang
6	GND	Versorgung Masse
7	GND	Versorgung Masse
8	NC	Nicht benutzt
9	Y	Treiber Ausgang nichtinvertierend
10	Z	Treiber Ausgang invertierend
11	B	Empfänger Eingang invertierend
12	A	Empfänger Eingang nichtinvertierend
13	NC	Nicht benutzt
14	VCC	Versorgung +5 V

Die Bezeichnungen dieser Bausteine lauten:

SN75180
LTC491

2.8.1.4 Baustein mit galvanischer Trennung

Die DIN 66348 schreibt galvanische Trennung von Leitung und Geräteschaltung vor. Dies wird normalerweise erreicht durch den Einsatz von Optokopplern (siehe 2.7.1.5) in den Datenleitungen und DC/DC-Wandlern (siehe 2.7.1.6) zur Versorgung der Sender- und Empfängerbausteine. Diese Technik ist auch die kostengünstigere Variante.

Für die Fälle, in denen nicht so sehr der Preis, sondern eher die Kompaktheit des Aufbaus im Vordergrund steht, gibt es einen Baustein, der alle zuvor aufgezählten Elemente in einem einzigen Gehäuse enthält. Bild 2.16 zeigt die Pinbelegung des Bausteins NM485D, der in einem 24poligen Dual-In-Line-Gehäuse untergebracht ist. Er enthält zwei Empfänger und zwei Treiber, Optokoppler zur Trennung der Datenkanäle und einen DC/DC-Wandler, der die Leitungsseite versorgt. Als Spannungsversorgung auf der Eingangsseite wird nur eine einfache Spannung von +5 V benötigt. Die Trennung zwischen Ein- und Ausgang verläuft in der Mitte des Bausteins. Links sind die Anschlüsse zur eigentlichen Schaltung zu sehen, rechts die Anschlüsse für die Datenleitung.

Die Funktionen der einzelnen Pins lauten:

Pin	Name	Funktion
1	1R	Empfänger 1 Ausgang
2	NC	Nicht benutzt
3	VCC	Versorgungsspannung +5 V
4	2R	Empfänger 2 Ausgang
5	1DE	Enable Treiber 1
6	1D	Eingang Treiber 1
7	NC	Nicht benutzt
8	2DE	Enable Treiber 2
9	2D	Eingang Treiber 2
10	NC	Nicht benutzt
11	GND	Versorgung Masse
12	NC	Nicht benutzt
13	NC	Nicht benutzt
14	NC	Nicht benutzt
15	NC	Nicht benutzt
16	ISOGND	Masse Leitungsseite
17	2Y	Treiber 2 Ausgang nichtinvertierend
18	2Z	Treiber 2 Ausgang invertierend
19	1Z	Treiber 1 Ausgang invertierend
20	1Y	Treiber 1 Ausgang nichtinvertierend
21	2A	Empfänger 2 Eingang nichtinvertierend
22	2B	Empfänger 2 Eingang invertierend
23	1B	Empfänger 1 Eingang invertierend
24	1A	Empfänger 1 Eingang nichtinvertierend

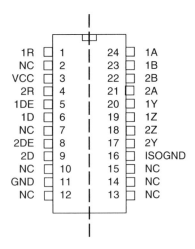

Bild 2.16 Komplette Schnittstelle mit eingebauter galvanischer Trennung

2.8.1.5 Optokoppler

Zur galvanischen Trennung der Datensignale werden normalerweise Optokoppler eingesetzt. Bei der Auswahl dieser Bausteine sind die oft beachtlichen Schalt- und Verzögerungszeiten dieser Bauelemente zu beachten. Vor allem bei Übertragung mit hohen Baudraten können durch zu hohe Schaltzeiten Fehler entstehen.

Standardkoppler, wie CNY17, 4N37 oder TIL112 mit Schaltzeiten unter 5 us können bedenkenlos bis zu einer Übertragungsrate von 4800 Baud eingesetzt werden, wenn man 2 % der Bitzeit als zulässige Schaltzeit definiert. Bei 9600 Baud beträgt die Unsicherheit eines Flankenwechsels bereits etwa 5 %. Auch diese Zeit kann unter Umständen noch akzeptabel sein, das hängt in erster Linie von der jeweiligen Anwendung ab. Bild 2.17 zeigt die Pinbelegung dieser Koppelelemente.

Für höhere Übertragungsraten oder einen entsprechend kleineren Fehler bei niedrigen Geschwindigkeiten werden Hochgeschwindigkeits-Optokoppler eingesetzt. Die Typen 6N138 und 6N139 (Bild 2.18) sind für Datenraten bis 100 kbit/s spezifiziert, sie genügen also den Anforderungen der DIN 66348 vollkommen. Allerdings handelt es sich hierbei

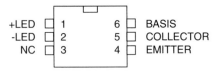

Bild 2.17 Standard-Optokoppler

2.8 Elektrische Realisierung

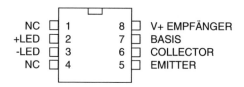

Bild 2.18 Optokoppler mit erhöhter Übertragungsrate bsi 100 kbit/s

immer noch um reine Optokoppler, so daß die in der Praxis erzielbare Übertragungsrate zusätzlich von der Außenbeschaltung abhängig ist.

Für höchste Ansprüche an Geschwindigkeit und Genauigkeit sind Optokoppler auf dem Markt, die zusätzlich zu den rein optischen Koppelelementen einen Pegelwandler von und nach TTL enthalten. Hier ist die Schaltung in jedem Fall optimal auf die optischen Elemente eingerichtet, so daß Übertragungsraten von 10 Mbit/s erreicht werden. Bild 2.19 zeigt die Pinbelegung der untereinander kompatiblen Typen 6N137, MCL2601 und HCPL2601.

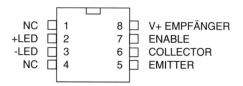

Bild 2.19 Optokoppler mit integriertem Pegelwandler auf der Empfängerseite

2.8.1.6 DC/DC-Wandler

Die Stromversorgung von Leitungstreiber und -empfänger muß galvanisch von der Gerätestromversorgung getrennt sein. Dazu gibt es grundsätzlich mehrere Möglichkeiten. Man kann, wenn das Gerät einen eigenen Netzanschluß besitzt, einen Netztransformator mit einer zusätzlichen getrennten Wicklung verwenden, der die Schnittstelle versorgt (Bild 2.20).

In vielen Fällen jedoch, vor allem in industrieller Umgebung, wird das Gerät an einer zentralen 24 V Gleichspannung betrieben. In diesem Fall ist zur Versorgung der Schnittstelle ein eigener, in der Leistung abgestimmter DC/DC-Wandler die beste Lösung.

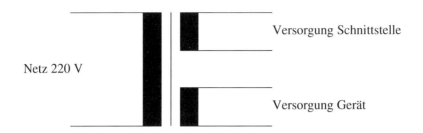

Bild 2.20 Netztransformator mit getrennten Sekundärwicklungen für Gerät und Schnittstelle

DC/DC-Wandler sind in verschiedenen Baugrößen und Leistungsklassen lieferbar. Da die üblichen Leitungstreiber einen maximalen Strombedarf von etwa 60 mA haben, der Eigenverbrauch und der Verbrauch des Empfängers dagegen geringsind, ist ein DC/DC-Wandler mit einem maximalen Ausgangsstrom von 100 mA ausreichend. Dies bedeutet bei 5 V eine maximale Ausgangslast von 0,5 W.

Bild 2.21 zeigt mehrere Standardbausteine, die für den Einsatz in einer DIN-Meßbus-Applikation geeignet sind. Grundsätzlich gilt: je kleiner der Wandler, desto teurer ist er auch. Es gilt also abzuwägen, wo bei einer Entwicklung der Schwerpunkt liegen soll.

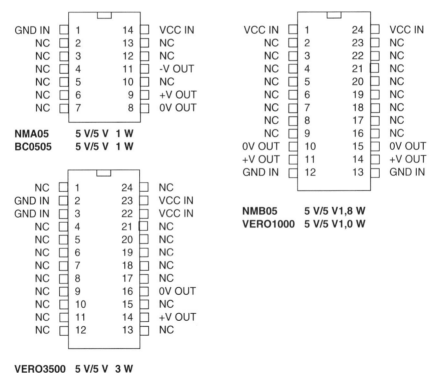

Bild 2.21 Verschiedene DC/DC-Wandler zur Versorgung der Schnittstelle

2.8.2 Interfacebausteine für serielle Schnittstellen

Zur Abwicklung des seriellen Protokolls gibt es verschiedene fertige Bausteine, die direkt am Mikroprozessorbus betrieben werden können. Sie übernehmen die Erzeugung des seriellen Datenstroms mit der gewünschten Übertragungsrate und fügen die ankommenden Informationen wieder zu kompletten Zeichen zusammen. Der Mikroprozessor, der für die eigentliche Gerätefunktion verantwortlich ist, wird so möglichst gering belastet.

2.8.2.1 ACIA MC6850

Der MC6850 der Firma Motorola ist ein asynchrones serielles Interface zur Anbindung an Standard 8-bit-Mikroprozessoren (ACIA = Asynchronous Communications Interface Adapter). In erster Linie wurde dieser Baustein zum Einsatz innerhalb der MC68XX-Mikroprozessoren entwickelt, er eignet sich jedoch genauso gut zur Verwendung mit Mikroprozessoren anderer Hersteller.

Der MC6850 besitzt folgende Fähigkeiten:

- 8- und 9-bit-Übertragung
- wahlweise gerade oder ungerade Parität
- 1 oder 2 Stopbits
- automatische Parityfehler-Erkennung
- maximale Übertragungsrate 1 Mbit/s

Bild 2.22 zeigt die Anschlußbelegung des MC6850. Darin bedeuten:

Pin	Name	Funktion
1	VSS	Versorgung Masse
2	RxDATA	Eingang Empfänger
3	RxCLK	Taktsignal Empfänger
4	TxCLK	Taktsignal Sender
5	/RTS	Modem-Control-Signal Request-to-send
6	TxDATA	Ausgang Sender
7	/IRQ	Interrupt-Signal für Mikroprozessor
8	CS0	Chipselect-Signal 0 aktiv High
9	/CS2	Chipselect-Signal 2 aktiv Low
10	CS1	Chipselect-Signal 1 aktiv High
11	RS	Register Select
12	VCC	Versorgung +5 V

Pin	Name	Funktion
13	R/W	Lese-/Schreibsignal
14	E	Enable-Signal
15	D7	Datenbus D7
16	D6	Datenbus D6
17	D5	Datenbus D5
18	D4	Datenbus D4
19	D3	Datenbus D3
20	D2	Datenbus D2
21	D1	Datenbus D1
22	D0	Datenbus D0
23	/DCD	Eingang Data Carrier Detect
24	/CTS	Eingang Clear To Send

Der MC6850 verfügt über insgesamt vier verschiedene Register: Sende- und Empfangsregister, Control- und Statusregister. Zur Adressierung wird das Signal RS zusammen mit dem Lese-/Schreibsignal R/W benutzt:

RS	R/W	Register
0	0	Controlregister schreiben
0	1	Statusregister lesen
1	0	Senderegister schreiben
1	1	Empfangsregister lesen

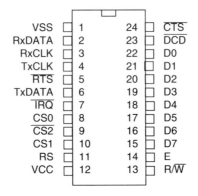

Bild 2.22 ACIA MC6850

2.8 Elektrische Realisierung

Das Controlregister legt die Arbeitsweise des MC6850 fest:

7	6	5	4	3	2	1	0
RIE	TC2	TC1	WS3	WS2	WS1	CD2	CD1

- RIE: Dieses Bit aktiviert die Interruptauslösung des MC6850 durch den Empfängerschaltkreis. Als Interruptquellen kommen in Frage: Empfängerregister voll, Empfänger Überlauf, ansteigende Flanke am DCD-Eingang.

- TC2, TC1: Diese Bits legen die Interruptauslösung des Senders und den Status der Leitung RTS fest (TC = Transmit Control). Diese Leitung kann in DIN-Meßbus-Applikationen sehr gut zur Aktivierung des RS 485-Treibers benutzt werden.

TC2	TC1	RTS	Sender-Interrupt
0	0	0	aus
0	1	1	ein
1	0	1	aus
1	1	0	aus

- WS3, WS2, WS1: Die drei WS-Bits (WS = Word Select) bestimmen Wortbreite, Paritätsbit und Anzahl der Stopbits.

WS3	WS2	WS1	Wortbreite	Parität	Stopbits
0	0	0	7	gerade	2
0	0	1	7	ungerade	2
0	1	0	7	gerade	1
0	1	1	7	ungerade	1
1	0	0	8	keine	2
1	0	1	8	keine	1
1	1	0	8	gerade	1
1	1	1	8	ungerade	1

- CD2, CD1: Die CD-Bits bestimmen den Teilerfaktor, durch den das Taktsignal für Sender und Empfänger geteilt wird, bevor es als Bitrate verwendet wird (CD = Counter Divide). Der MC6850 verfügt leider nicht über einen internen Baudratengenerator, so daß die gewünschte Taktrate extern erzeugt werden muß. Der programmierbare Vorteiler kann zur Anpassung benutzt werden.

CD2	CD1	Teilerfaktor
0	0	1
0	1	16
1	0	64
1	1	Sonderfunktion Reset

Aus der Tabelle ist ersichtlich, daß die Kombination 11 einen internen Reset des Bausteins auslöst. Dieser Reset muß zwingend mindestens einmal nach dem Einschalten durchgeführt werden, erst danach kann das Control-Register der Anwendung entsprechend konfiguriert werden.

Das Statusregister des MC6850 kann durch den Mikroprozessor nur gelesen werden. Es gibt Auskunft über Sender und Empfänger und eventuell aufgetretene Fehler.

7	6	5	4	3	2	1	0
IRQ	PE	OVR	FE	CTS	DCD	TDRE	RDRF

- IRQ: Das IRQ-Bit ist mit dem IRQ-Ausgang des MC6850 synchronisiert. Eine 1 in diesem Bit zeigt an, daß der MC6850 der Auslöser eines Interrupts war. Jeder Lesezugriff auf das Empfangsregister oder jeder Schreibzugriff auf das Senderegister löscht dieses Bit für den nächsten Interrupt.

- PE: Das PE-Bit zeigt einen Paritätsfehler des Empfängers an (PE = Parity Error). Es gibt immer den Zustand des gerade im Empfängerregister befindlichen Zeichens wieder.

- OVR: Das OVR-Bit wird gesetzt, wenn mindestens ein Zeichen verloren gegangen ist, weil der Mikroprozessor nicht schnell genug reagiert hat. Der MC6850 ist doppelt gepuffert, das heißt, wenn ein Zeichen empfangen wurde, das sich im Empfangsregister befindet, kann bereits das nächste Zeichen eingelesen werden. Der Mikroprozessor hat daher eine Zeichenlänge Zeit, das Empfangsregister zu leeren. Tut er das nicht, so wird das OVR-Bit gesetzt, wenn das folgende Zeichen in das Empfangsregister übertragen wird.

2.8 Elektrische Realisierung

- FE: Das FE-Bit (FE = Framing Error), wenn der Empfänger eine falsche Wortbreite erkennt. Zur Auslösung wird ein fehlendes Stopbit benutzt.

- CTS: Dieses Bit entspricht dem CTS-Eingang.

- DCD: Dieses Bit entspricht dem DCD-Eingang.

- TDRE: Das TDRE-Bit wird gesetzt, wenn das Senderegister voll ist. Eine 0 in diesem Bit zeigt ein freies Senderegister an.

- RDRF: Das RDRF-Bit zeigt ein gefülltes Empfangsregister an. Es wird durch den Lesevorgang des Empfangsregisters automatisch gelöscht.

Das nachfolgende Programmbeispiel für einen 6809-Mikroprozessor beinhaltet drei kurze Routinen: Initialisierung des MC6850 für das DIN-Meßbus-Protokoll, Sende- und Empfangsprogramm.

```
             *
             * ACIA MC6850 am Mikroprozessor MC6809
             *
             * DEMO für DIN-Meßbus
             *

1000              ACIA      EQU    $1000    ;
1000              STATUS    EQU    $1000    ; ACIA-Status-Register
1000              CONTROL   EQU    $1000    ; ACIA-Control-Register
1001              RECEIVE   EQU    $1001    ; ACIA-Empfangsregister
1001              TRANSMIT  EQU    $1001    ; ACIA-Senderegister


E000                        ORG    $E000    ; Startadresse des Programms
E000 86 03        INIT      LDA    #$03     ; Reset ACIA
E002 B7 10 00               STA    CONTROL  ; auslösen
E005 86 08                  LDA    #$08     ; Teilerfaktor 1, 7 bit, gerade
E007 B7 10 00               STA    CONTROL  ; Parität, 1 Stopbit, IRQ aus

             *
             * Hier folgt Anwenderprogramm!
             *
E00A 20 FE        HAUPT     BRA    HAUPT    ; Endlosschleife

             *
             * Unterprogramm Zeichen senden
             *
E00C B6 10 00     SEND      LDA    STATUS   ; Status laden
E00F 84 02                  ANDA   #$02     ; TDRE-Bit ausmaskieren
E011 27 F9                  BEQ    SEND     ; nicht frei
E013 F7 10 01               STB    TRANSMIT ; Zeichen senden
E016 39                     RTS             ; fertig
```

```
                *
                * Unterprogramm Empfänger abfragen (ohne Interrupt)
                *
E017 B6 10 00   EMPF    LDA     STATUS      ; Status laden
E01A 84 01              ANDA    #$01        ; RDRF-Bit ausmaskieren
E01C 26 01              BNE     EMPF1       ; es ist ein Zeichen da!
E01E 39                 RTS                 ; kein Zeichen
E01F B6 10 01   EMPF1   LDA     RECEIVE     ; Zeichen holen
E022 39                 RTS                 ; fertig

                        END                 ; fertig
Errors: 0
```

2.8.2.2 ACIA G65SC51

Der Baustein 6521 wurde ursprünglich von der Firma Rockwell entwickelt, die auch den weit verbreiteten Mikroprozessor 6502 ins Leben gerufen hat. Heute ist der Nachfolgetyp G65SC51 als moderner CMOS-Baustein vom Hersteller CMD (California Micro Devices) zu erhalten. Im Gegensatz zum zuvor besprochenen MC6850 verfügt der G65SC51 über deutlich erweiterte Möglichkeiten:

- geringe Leistungsaufnahme durch CMOS-Prozeß
- 15 programmierbare Baudraten (50...19200 Baud) mit internem Baudraten-Generator
- Externer Takteingang für höhere Baudraten
- wahlweise Halb- oder Voll-Duplex-Betrieb
- Wortbreite wählbar mit 5, 6, 7, 8 oder 9 bit
- programmierbare Parity-Funktionen
- SMD-Version im PLCC-Gehäuse verfügbar

Die Pinbelegung sowohl der Dual-In-Line- wie auch der SMD-Version ist aus Bild 2.23 ersichtlich. Die Pinbelegung ist für beide Gehäuse gleich. Die einzelnen Pinfunktionen sind:

Pin	Name	Funktion
1	VSS	Versorgung Masse
2	CS0	Chipselect-Signal 0 aktiv High
3	/CS1	Chipselect-Signal 1 aktiv Low
4	/RES	Eingang Hardware-Reset
5	RxC	Eingang Externes Taktsignal für Baudratenerzeugung
6	XTAL1	Eingang Taktoszillator
7	XTAL2	Ausgang Taktoszillator
8	/RTS	Modem-Control-Signal Request-to-send
9	/CTS	Modem-Control-Signal Clear-to-send

2.8 Elektrische Realisierung

Pin	Name	Funktion
10	TxD	Ausgang Sender
11	/DTR	Modem-Control-Signal Data Terminal Ready
12	RxD	Eingang Empfänger
13	RS0	Eingang Register Select 0
14	RS1	Eingang Register Select 1
15	VDD	Versorgung +5 V
16	/DCD	Modem-Control-Signal Data Carrier Detect
17	/DSR	Modem-Control-Signal Data Set Ready
18	D0	Datenbus D0
19	D1	Datenbus D1
20	D2	Datenbus D2
21	D3	Datenbus D3
22	D4	Datenbus D4
23	D5	Datenbus D5
24	D6	Datenbus D6
25	D7	Datenbus D7
26	/IRQ	Ausgang Interrupt
27	PHI2	Eingang Systemtakt
28	R/W	Lese-/Schreibsignal

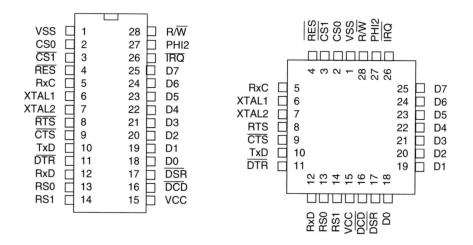

Bild 2.23 ACIA G65SC51 im Dual-In-Line- und PLCC-Gehäuse

Über die beiden Signale RS0 und RS1, die normalerweise mit dem Adreßbus des Mikroprozessors verbunden sind, kann dieser auf die verschiedenen internen Register des G65SC51 zugreifen:

RS1	RS0	Schreiben	Lesen
0	0	Senderegister	Empfangsregister
0	1	Reset	Status-Register
1	0	Kommando-Register	
1	1	Control-Register	

Nur das Kommando- und das Control-Register können sowohl gelesen wie auch beschrieben werden. Das Status-Register ist ein Nur-Lese-Register, ein Schreibzugriff auf dieses Register mit beliebigen Daten hat einen Reset des Bausteins zur Folge.

Das Control-Register legt die gewünschten Schnittstellenparameter fest:

7	6	5	4	3	2	1	0
STOP	WL1	WL0	CLK	BD3	BD2	BD1	BD0

- STOP: Dieses Bit bestimmt zusammen mit der gewünschten Wortbreite die Anzahl der generierten Stopbits. STOP = 0 wählt immer 1 Stopbit, STOP = 1 ist von der Wortbreite abhängig:

  1 Stopbit bei 8 bit Wortbreite plus Parity
  1,5 Stopbits bei 5 bit Wortbreite ohne Parity
  2 Stopbits bei allen anderen Kombinationen

- WL1, WL0: Diese Bits bestimmen die Wortbreite.

WL1	WL0	Wortbreite
0	0	8 bit
0	1	7 bit
1	0	6 bit
1	1	5 bit

2.8 Elektrische Realisierung

- CLK: Eine 0 in diesem Bit wählt einen externen Baudrate-Generator als Takt für den Empfänger, eine 1 benutzt den internen Generator des Bausteins. Der Sender arbeitet immer mit dem internen Generator.

- BD3 bis BD0: Diese Bits legen die Baudrate des internen Generators fest. Alle Angaben beziehen sich auf eine Quarzfrequenz von 1,8432 MHz.

BD3	BD2	BD1	BD0	Baudrate
0	0	0	0	Externer Takt / 16
0	0	0	1	50
0	0	1	0	75
0	0	1	1	109,92
0	1	0	0	134,58
0	1	0	1	150
0	1	1	0	300
0	1	1	1	600
1	0	0	0	1200
1	0	0	1	1800
1	0	1	0	2400
1	0	1	1	3600
1	1	0	0	4800
1	1	0	1	7200
1	1	1	0	9600
1	1	1	1	19200

Weitere Funktionen werden im Kommando-Register definiert:

7	6	5	4	3	2	1	0
P2	P1	P0	ECHO	TC1	TC0	RIE	DTR

- P2, P1, P0: Mit drei Bits wird die gewünschte Parity-Funktion definiert.

P2	P1	P0	Funktion
X	X	0	keine Parity-Funktion
0	0	1	ungerade Parität
0	1	1	gerade Parität
1	0	1	Parity-Bit ist immer High (Mark)
1	1	1	Parity-Bit ist immer Low (Space)

- ECHO: 0 = normaler Betrieb der Schnittstelle. Bei 1 wird jedes gesendete Zeichen mit einem halben Bit Zeitversatz in den eigenen Empfänger zurückgelesen. Bits TC1 und TC0 müssen im Echo-Betrieb beide 0 sein.

- TC1, TC0: Die TC-Bits (TC = Transmitter Control) steuern den Sender-Interrupt und den Pegel der RTS-Leitung.

TC1	TC0	RTS	Sender-Interrupt
0	0	1	aus
0	1	0	ein
1	0	0	ein
1	1	0	aus

- RIE: Mit dem RIE-Bit wird der Empfänger-Interrupt aktiviert.
- DTR: Eine 0 schaltet den Empfänger aus, das DTR-Signal ist High. Eine 1 aktiviert den Empfänger, das DTR-Signal ist Low.

Über das Status-Register kann der Mikroprozessor feststellen, ob Daten im Empfänger sind, ob der Sender frei ist oder ob beim Empfang des letzten Zeichens bestimmte Fehler aufgetreten sind. Dieses Register kann nur gelesen werden.

7	6	5	4	3	2	1	0
IRQ	DSR	DCD	TDRE	RDRF	OVR	FE	PE

2.8 Elektrische Realisierung

- IRQ: Das IRQ-Bit ist mit dem IRQ-Ausgang des G65SC51 synchronisiert. Eine 1 in diesem Bit zeigt an, daß der G65SC51 der Auslöser eines Interrupts war. Jeder Lesezugriff auf das Statusregister löscht dieses Bit für den nächsten Interrupt.

- DSR: Dieses Bit entspricht dem DSR-Eingang.

- DCD: Dieses Bit entspricht dem DCD-Eingang.

- TDRE: Das TDRE-Bit wird gesetzt, wenn das Senderegister voll ist. Eine 0 in diesem Bit zeigt ein freies Senderegister an.

- RDRF: Das RDRF-Bit zeigt ein gefülltes Empfangsregister an. Es wird durch den Lesevorgang des Empfangsregisters automatisch gelöscht.

- OVR: Das OVR-Bit wird gesetzt, wenn mindestens ein Zeichen verloren gegangen ist, weil der Mikroprozessor nicht schnell genug reagiert hat. Der G65SC51 ist doppelt gepuffert, das heißt, wenn ein Zeichen empfangen wurde, das sich im Empfangsregister befindet, kann bereits das nächste Zeichen eingelesen werden. Der Mikroprozessor hat daher eine Zeichenlänge Zeit, das Empfangsregister zu leeren. Tut er das nicht, so wird das OVR-Bit gesetzt, wenn das folgende Zeichen in das Empfangsregister übertragen wird.

- FE: Das FE-Bit (FE = Framing Error), wenn der Empfänger eine falsche Wortbreite erkennt. Zur Auslösung wird ein fehlendes Stopbit benutzt.

- PE: Das PE-Bit zeigt einen Paritätsfehler des Empfängers an (PE = Parity Error). Es gibt immer den Zustand des gerade im Empfängerregister befindlichen Zeichens wieder.

Auch für den G65SC51 folgt ein kurzes Programmbeispiel, diesmal für den G65SC02-Mikroprozessor geschrieben. Es enthält die gleichen drei Routinen: Initialisierung des G65SC51 für das DIN-Meßbus-Protokoll, Sende- und Empfangsprogramm.

```
              *
              * ACIA G65SC51 am Mikroprozessor G65SC02
              *
              * DEMO für DIN-Meßbus
              *
1000            ACIA     EQU    $1000        ;
1000            RECEIVE  EQU    $1000        ; ACIA-Empfangsregister
1000            TRANSMIT EQU    $1000        ; ACIA-Senderegister
1001            STATUS   EQU    $1001        ; ACIA-Status-Register
1002            COMMAND  EQU    $1002        ; ACIA-Kommando-Register
1003            CONTROL  EQU    $1003        ; ACIA-Control-Register

8000                     ORG    $8000        ; Startadresse des Programms
8000 78         INIT     SEI                 ; Interrupt aus
8001 8D 01 10            STA    STATUS       ; Reset ACIA auslösen
8004 A9 3E               LDA    #$3E         ; 7 bit, 1 Stopbit, 9600 Baud
8006 8D 00 10            STA    CONTROL      ;
8009 A9 60               LDA    #$60         ;gerade Parität, kein Interrupt
800A 8D 02 10            STA    COMMAND      ;
```

```
                       *
                       * Hier folgt Anwenderprogramm!
                       *
800D 4C 0D 80          HAUPT       JMP     HAUPT          ; Endlosschleife


                       *
                       * Unterprogramm Zeichen senden
                       *
8010 A9 01 10          SEND        LDA     STATUS         ; Status laden
8013 29 10                         AND     #$10           ; TDRE-Bit ausmaskieren
8015 F0 F9                         BEQ     SEND           ; nicht frei
8017 8E 00 10                      STX     TRANSMIT       ; Zeichen senden
801A 60                            RTS                    ; fertig


                       *
                       * Unterprogramm Empfänger abfragen (ohne Interrupt)
                       *
801B A9 01 10          EMPF        LDA     STATUS         ; Status laden
801E 29 08                         ANDA    #$08           ; RDRF-Bit ausmaskieren
8020 D0 01                         BNE     EMPF1          ; es ist ein Zeichen da!
8022 60                            RTS                    ; kein Zeichen
8023 A9 00 10          EMPF1       LDA     RECEIVE        ; Zeichen holen
8026 60                            RTS                    ; fertig

                                   END                    ; fertig
Errors: 0
```

2.7.2.3 UART 16C450

Der UART 16C450 (UART = Universal Asynchron Receiver Transmitter) oder einer seiner Vergleichstypen, wie zum Beispiel der I 82C50, sind die Standardbausteine der in IBM-kompatiblen PCs eingesetzten seriellen Schnittstellen. Pegelumsetzer von RS 232 auf RS 485 sind im Handel zu erhalten, so daß der Einsatz eines PCs als Teilnehmer eines DIN-Meßbus-Systems nicht sehr schwierig ist.

Der 16C450 verfügt über attraktive Leistungsmerkmale, die ihn auch für andere Applikationen interessant machen:

- geringe Leistungsaufnahme durch CMOS-Prozeß
- beliebig programmierbare Baudrate im Bereich bis 56000 Baud mit dem integrierten Baudraten-Generator
- Externer Takteingang für unterschiedliche Baudrate des Empfängers
- wahlweise Halb- oder Voll-Duplex-Betrieb
- Wortbreite wählbar mit 5, 6, 7 oder 8 bit
- programmierbare Parity-Funktionen
- SMD-Version im PLCC-Gehäuse verfügbar

2.8 Elektrische Realisierung

Die Pinbelegung des DIL-Gehäuses zeigt Bild 2.24. Die folgende Tabelle erklärt die einzelnen Pinfunktionen für beide Gehäusevarianten:

Pin DIL	Pin PLCC	Name	Funktion
1	2	D0	Datenbus D0
2	3	D1	Datenbus D1
3	4	D2	Datenbus D2
4	5	D3	Datenbus D3
5	6	D4	Datenbus D4
6	7	D5	Datenbus D5
7	8	D6	Datenbus D6
8	9	D7	Datenbus D7
9	10	RCLK	Takteingang Empfänger
10	11	SIN	Eingang Empfänger RxD
11	13	SOUT	Ausgang Sender TxD
12	14	CS0	Chip-Select-Signal 0 aktiv High
13	15	CS1	Chip-Select-Signal 1 aktiv High
14	16	/CS2	Chip-Select-Signal 2 aktiv Low
15	17	/BAUDOUT	Taktausgang Baudrate Sender
16	18	XIN	Eingang Taktoszillator
17	19	XOUT	Ausgang Taktoszillator
18	20	/WR	Schreibsignal aktiv Low
19	21	WR	Schreibsignal aktiv High
20	22	VSS	Versorgung Masse
21	24	/RD	Lesesignal aktiv Low
22	25	RD	Lesesignal aktiv High
23	26	DDIS	Steuersignal Bus-Transceiver
24	27	CSOUT	Chip-Select-Ausgang
25	28	/ADS	Eingang Adress Strobe
26	29	A2	Adreßbus A2
27	30	A1	Adreßbus A1
28	31	A0	Adreßbus A0
29	32	NC	Nicht benutzt
30	33	INTR	Interrupt-Ausgang aktiv High
31	35	/OUT2	frei programmierbarer Ausgang
32	36	/RTS	Modem-Control-Signal Request-to-send
33	37	/DTR	Modem-Control-Signal Data Terminal Ready
34	38	/OUT1	frei programmierbarer Ausgang
35	39	MR	Master Reset
36	40	/CTS	Modem-Control-Signal Clear-to-send
37	41	/DSR	Modem-Control-Signal Data Set Ready
38	42	/DCD	Modem-Control-Signal Data Carrier Detect
39	43	/RI	Modem-Control-Signal Ring Indicator
40	44	VCC	Versorgung +5 V

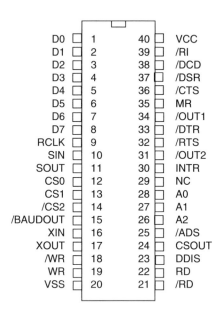

Bild 2.24 UART 16C450 im Dual-In-Line-Gehäuse

Die Signale A0, A1 und A2 gestatten die Auswahl des gewünschten internen Registers. Sie werden mit den entsprechenden Leitungen des Mikroprozessor-Adreßbusses verbunden. Weiterhin wird ein zusätzliches Bit DLAB des Line Control Registers zur Auswahl mitbenutzt. Die internen Register des 16C450 sind:

A2	A1	A0	DLAB	Lesen	Schreiben
0	0	0	0	Empfangsregister	Senderegister
0	0	0	1	Baudrate Low-Byte	
0	0	1	0	Interrupt Enable Register	
0	0	1	1	Baudrate High-Byte	
0	1	0	X	Interrupt Identification	-
0	1	1	X	Line Control Register	
1	0	0	X	Modem Control Register	
1	0	1	X	Line Status Register	
1	1	0	X	Modem Status Register	
1	1	1	X	Scratch Register	

2.8 Elektrische Realisierung

Das Line Control Register bestimmt die Eigenschaften der Schnittstelle:

7	6	5	4	3	2	1	0
DLAB	BRK	P1	P0	PEN	STOP	WS1	WS0

- DLAB: Wie bereits erwähnt, wird das Bit DLAB im Line Control Register mit zur Register-Auswahl herangezogen sein. Es muß gesetzt sein, um die Register des Baudraten-Generators adressieren zu können. DLAB = 0 ermöglicht den Zugriff auf Sende- und Empfangsregister.

- BRK: das Break-Bit sendet eine logische 0 (Break) auf dem Ausgang der Schnittstelle, wenn es gesetzt wird.

- P1, P0, PEN: Diese Bits bestimmen die Art der Paritätsprüfung und -generierung.

P1	P0	PEN	Parity-Funktion
X	X	0	keine
0	0	1	ungerade
0	1	1	gerade
1	0	1	immer High
1	1	1	immer Low

- STOP, WS1, WS0: Die Kombination dieser Bits bestimmt Wortbreite und Anzahl Stopbits:

WS1	WS0	STOP	Anzahl Bits	Anzahl Stopbits
0	0	0	5	1
0	0	1	5	1,5
0	1	0	6	1
0	1	1	6	2
1	0	0	7	1
1	0	1	7	2
1	1	0	8	1
1	1	1	8	2

Die Übertragungsrate wird mit zwei Registern eingestellt, die direkt mit dem gewünschten Teilerfaktor programmiert werden müssen. Dadurch läßt sich jede beliebige Übertragungsrate erzeugen. Die Tabelle nennt für die gängigsten Baudraten die entsprechenden Werte. Alle Angaben beziehen sich dabei auf eine Oszillatorfrequenz von 1,8432 MHz.

Baudrate	Teilerfaktor	High-Byte	Low-Byte
50	2304	09H	00H
75	1536	06H	00H
110	1047	04H	17H
134,5	857	03H	59H
150	768	03H	00H
300	384	01H	80H
600	192	00H	C0H
1200	96	00H	60H
1800	64	00H	40H
2400	48	00H	30H
3600	32	00H	20H
4800	24	00H	18H
7200	16	00H	10H
9600	12	00H	0CH
19200	6	00H	06H
38400	3	00H	03H
56000	2	00H	02H

Das Line Status Register ist zur Programmierung des Ablaufs wichtig. Hier können alle wichtigen Informationen über die Schnittstelle abgefragt werden.

7	6	5	4	3	2	1	0
0	TEMT	THRE	BI	FE	PE	OVR	DR

- TEMPT: Dieses Bit ist gesetzt, wenn beide Register des doppelt gepufferten Senders leer sind.

- THRE: Dieses Bit zeigt an, daß das Senderegister ein weiteres Zeichen aufnehmen kann.

- BI: Break Interrupt. Dieses Bit zeigt an, daß der Empfänger ein Breaksignal empfängt.

- PE: Das PE-Bit zeigt einen Paritätsfehler des Empfängers an (PE = Parity Error). Es gibt immer den Zustand des gerade im Empfängerregister befindlichen Zeichens wieder.

- FE: Das FE-Bit (FE = Framing Error), wenn der Empfänger eine falsche Wortbreite erkennt. Zur Auslösung wird ein fehlendes Stopbit benutzt.

- OVR: Das OVR-Bit wird gesetzt, wenn mindestens ein Zeichen verloren gegangen ist, weil der Mikroprozessor nicht schnell genug reagiert hat. Der 16C450 ist doppelt gepuffert, das heißt, wenn ein Zeichen empfangen wurde, das sich im Empfangsregister befindet, kann bereits das nächste Zeichen eingelesen werden. Der Mikroprozessor hat daher eine Zeichenlänge Zeit, das Empfangsregister zu leeren. Tut er das nicht, so wird das OVR-Bit gesetzt, wenn das folgende Zeichen in das Empfangsregister übertragen wird.

- DR: Das DR-Bit zeigt ein gefülltes Empfangsregister an. Es wird durch den Lesevorgang des Empfangsregisters automatisch gelöscht.

Die weiteren Register des 16C450 sind für das Thema dieses Buches nicht weiter relevant, sie werden daher hier nicht aufgeführt. Detaillierte Darstellungen finden sich im Literaturverzeichnis.

2.8.3 Microcontroller mit serieller Schnittstelle

Speziell für die Geräteentwicklung, für den Einsatz in intelligenten Sensoren und Aktoren, zur Meßdatenerfassung und -verarbeitung sind Single-Chip-Mikroprozessoren das ideale Steuerungselement. Verfügen sie außerdem noch über eine integrierte serielle Schnittstelle, so ist es relativ einfach, das gesamte DIN-Meßbus-Protokoll mit in die Anwendersoftware zu programmieren und so die Attraktivität des Produktes zu erhöhen.

Die nachfolgend dargestellten Microcontroller stellen nur eine Auswahl aus dem riesigen Angebot an Single-Chip-Mikroprozessoren dar. Die Eignung für die DIN-Meßbus-Implementation stand bei der Auswahl im Vordergrund, berücksichtigt wurde aber auch die grundsätzliche Attraktivität der Bausteine für die Verwendung in Produkten der industriellen Steuer- und Regelungstechnik.

2.8.3.1 Motorola MC68HC11

Der Single-Chip-Mikroprozessor MC68HC11 ist einer der modernsten Single-Chips, die heute auf dem Halbleitermarkt erhältlich sind. Durch die Verwendung einer HCMOS-Technologie ist die Grundlage für hohe Verarbeitungsgeschwindigkeit bei minimaler Leistungsaufnahme geschaffen. Durch den hohen Integrationsgrad an Peripherieelementen auf dem gleichen Halbleiter-Chip stellt der 68HC11 für viele Anwendungen bereits sämtliche benötigten Funktionen zur Verfügung. Diese Funktionen sind:

- 256 Bytes RAM
- 512 Bytes EEPROM
- digitale I/O-Ports
- 8-Kanal A/D-Wandler
- 16-Bit Timer-System
- serielle Schnittstelle
- Master/Slave-Schnittstelle für Multiprozessor-Systeme
- interne Prozessorüberwachung
- interner Taktoszillator mit Überwachung

Der statische Aufbau des Mikroprozessors erlaubt jede Busfrequenz zwischen 0 und 2 MHz. Durch zwei verschiedene Software-Kommandos, STOP und WAIT, kann der Mikroprozessor in zwei besonders energiesparende Betriebsarten geschaltet werden, wenn er nicht benötigt wird. Dies ermöglicht seinen Einsatz vor allen Dingen in batteriegestützten Systemen. Bild 2.25 zeigt ein Blockschaltbild des 68HC11A8, der stellvertretend für die anderen Mitglieder der 68HC11-Familie dargestellt wird. Dieser Mikroprozessor ist die ursprüngliche Version des 68HC11, aus der im Laufe der Zeit die weiteren Mitglieder der Familie abgeleitet wurden.

Bild 2.26 zeigt die Ausführung des Prozessors im 48-poligen Dual-In-Line-Gehäuse. Der Baustein ist auch in einer Version im 52-poligen PLCC-Gehäuse (SMD) erhältlich, in dem statt vier insgesamt acht Analogeingänge zur Verfügung stehen.

Für die Implementation der DIN-Meßbus-Schnittstelle ist das SCI-System des MC68HC11 das wesentliche Element (SCI = Serial Communications Interface). Das SCI-System stellt eine komplette serielle Schnittstelle zur Kommunikation mit einem PC oder Terminal dar.

Das SCI-System des MC68HC11 beinhaltet sämtliche benötigte Komponenten mit Ausnahme der Leitungstreiber zur Umsetzung in die gewünschte Übertragungsnorm, wie zum Beispiel RS 232 oder RS 485. Empfänger, Sender und Baudrate-Generator sind auf dem Chip vorhanden. Es kann eine Voll-Duplex-Verbindung aufgebaut werden, d.h. gleichzeitiges Senden und Empfangen ist möglich. Dies ist eine wesentliche Voraussetzung für den DIN-Meßbus, da dieser eine Voll-Duplex-Verbindung benutzt.

Zur Steuerung der Senderfreigabe kann eine beliebige Portleitung des Microcontrollers benutzt werden, da das Modem-Control-Signal /RTS nicht zur Verfügung steht.

2.8 Elektrische Realisierung

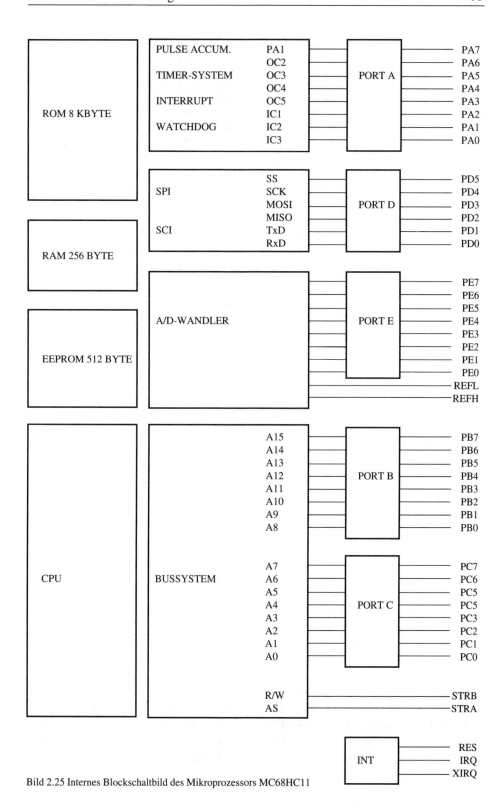

Bild 2.25 Internes Blockschaltbild des Mikroprozessors MC68HC11

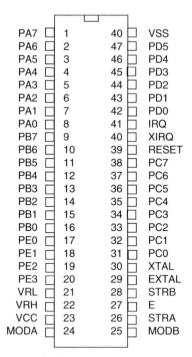

Bild 2.26 MC68HC11 im 48-poligen Dual-In-Line-Gehäuse

Zum Betrieb des SCI-Systems sind fünf Register vorgesehen:

BAUD
SCCR1
SCCR2
SCSR
SCDR.

Da sich das SCI-System die Anschlüsse mit Port D teilt, ist auch die Definition dieses Ports wichtig:

7	6	5	4	3	2	1	0
-	-	-	-	-	-	(TxD)	(RxD)

Wenn das SCI-System aktiviert ist, wird die Port-Definition von Bit 0 durch das SCI überlagert. Diese Leitung wird zum Eingang des seriellen Empfängers, auch wenn sie an sich durch das Datenrichtungsregister DDRD als Ausgang programmiert sein sollte. Ein ähnliches Verhalten zeigt die Sendeleitung TxD, die mit Port D Bit 1 identisch ist. Bei aktiviertem SCI-System ist diese Leitung auf jeden Fall ein Ausgang, unabhängig von der Definition in DDRD.

2.8 Elektrische Realisierung

Zur Definition der Übertragungsgeschwindigkeit ist das BAUD-Register vorgesehen. Es gilt die gleiche Übertragungsgeschwindigkeit für Sender und Empfänger, die normalerweise während der Initialisierungsphase des Programms festgelegt wird.

7	6	5	4	3	2	1	0
TCLR	0	SCP1	SCP0	RCKB	SCR2	SCR1	SCR0

Mit den Bits SCP1 und SCP0 wird ein Teilerfaktor definiert, der die höchste erreichbare Baudrate in Abhängigkeit von der Quarzfrequenz des Mikroprozessors festlegt.

Zur endgültigen Festlegung der gewünschten Übertragungsrate werden die Bits SCR0 bis SCR2 benutzt. Sie definieren einen weiteren binären Teilerfaktor zur Teilung in die gewünschte Frequenz. Tabelle 2.1 zeigt sämtliche mögliche Kombinationen von Teilerfaktoren und Quarzfrequenzen und die daraus resultierenden Baudraten.

Die Bits TCLR und RCKB des BAUD-Registers werden nur zum Test des Mikroprozessors während der Herstellung benutzt.

Das SCI-System wird hauptsächlich von zwei Registern kontrolliert: SCCR1 und SCCR2. Hierbei sind im SCCR1 nur vier Bits benutzt.

7	6	5	4	3	2	1	0
R8	T8	0	M	WAKE	0	0	0

Das Bit R8 ist eine Verlängerung des Empfangsregisters RDR für Übertragungsformate mit 9 Bit Datenlänge. Dieses Bit enthält das höchstwertige Bit des empfangenen Datums.

Das Bit T8 stellt das entsprechende Äquivalent für den Sender dar. Hier wird das höchstwertigste Bit des zu übertragenen Datums bei einer Länge von 9 Bit untergebracht. Bei aufeinanderfolgenden Übertragungen mit gleichartigem Bit 9 braucht dieses Bit nur ein einziges Mal geschrieben werden, da sein Inhalt bei der Übertragung nicht verloren geht.

Zur Auswahl des gewünschten Übertragungsformats ist das M-Bit vorgesehen. Eine 0 wählt 1 Startbit, 8 Datenbits, 1 Stopbit, eine 1 wählt 1 Startbit, 9 Datenbits, 1 Stopbit.

Das WAKE-Bit bestimmt die Methode, durch die der Empfänger aktiviert werden soll. WAKE = 0 aktiviert den Empfänger, wenn die Empfangsleitung für mindestens eine Zeichenlänge in den aktiven Status wechselt. WAKE = 1 aktiviert den Empfänger, wenn das höchste Bit eines gesendeten Zeichens auf High gesetzt ist.

Alle weiteren Definitionen des SCI-Systems sind im SCCR2-Register zusammengefaßt:

					Quarzfrequenz [MHz]				
SCP1	SCP0	SCR2	SCR1	SCR0	8,3886	8,0000	4,9152	4,0000	3,6864
0	0	0	0	0	131072	125000	76800	62500	57600
0	0	0	0	1	65536	62500	38400	31250	28800
0	0	0	1	0	32768	31250	**19200**	15625	14400
0	0	0	1	1	16384	15625	**9600**	7812	7200
0	0	1	0	0	8192	7812	**4800**	3906	3600
0	0	1	0	1	4096	3906	**2400**	1953	1800
0	0	1	1	0	2048	1953	**1200**	977	900
0	0	1	1	1	1024	977	**600**	488	450
0	1	0	0	0	43691	41666	25600	20833	19200
0	1	0	0	1	21845	20833	21800	10417	**9600**
0	1	0	1	0	10923	10417	6400	5208	**4800**
0	1	0	1	1	5461	5208	3200	2604	**2400**
0	1	1	0	0	2731	2604	1600	1302	**1200**
0	1	1	0	1	1365	1302	800	651	**600**
0	1	1	1	0	683	651	400	326	**300**
0	1	1	1	1	341	326	200	163	150
1	0	0	0	0	32768	31250	19200	15625	14400
1	0	0	0	1	16384	15625	**9600**	7812	7200
1	0	0	1	0	8192	7812	**4800**	3906	3600
1	0	0	1	1	4096	3906	**2400**	1953	1800
1	0	1	0	0	2048	1953	**1200**	977	900
1	0	1	0	1	1024	977	**600**	488	450
1	0	1	1	0	512	488	**300**	244	225
1	0	1	1	1	256	244	150	122	112
1	1	0	0	0	10082	**9600**	5908	**4800**	4431
1	1	0	0	1	5041	**4800**	2954	**2400**	2215
1	1	0	1	0	2521	**2400**	1477	**1200**	1108
1	1	0	1	1	1260	**1200**	738	**600**	554
1	1	1	0	0	630	**600**	369	**300**	277
1	1	1	0	1	315	**300**	185	150	138
1	1	1	1	0	158	150	92	75	69
1	1	1	1	1	79	75	46	38	35

Tabelle 2.1 Mögliche Übertragungsraten in Abhängigkeit von der gewählten Quarzfrequenz. Die Baudraten, die von der DIN 66 348 empfohlen werden, sind **fett** hervorgehoben.

2.8 Elektrische Realisierung

7	6	5	4	3	2	1	0
TIE	TCIE	RIE	ILIE	TE	RE	RWU	SBK

Mit dem Inhalt von Bit 7 wird festgelegt, ob ein Interrupt bei leerem Senderegister ausgelöst werden soll oder nicht. Eine 1 aktiviert den Interrupt.

Bit 6 kontrolliert die Interruptauslösung nach vollendeter Sendung eines Zeichens, eine 1 erlaubt diesen Interrupt.

Die Interruptauslösung durch ein empfangenes Zeichen wird entsprechend durch Bit 5 definiert, Bit 4 regelt die Interruptauslösung durch eine aktive Empfangsleitung.

Bit 4 des SCCR2-Registers schaltet den Sender ein und aus. Eine gerade laufende Sendung kann nicht unterbrochen werden, der Ausschaltvorgang wird in jedem Fall so lange verzögert, bis die laufende Übertragung komplett ist. Das entsprechende Bit für den Empfänger ist Bit 3.

Wird Bit 2 von 0 (Normalbetrieb) auf 1 gesetzt, dann ist das gesamte SCI-System im Stand-By-Betrieb. Durch welche Methode der Empfänger wieder aktiviert werden soll bestimmt das WAKE-Bit im SCCR1-Register (siehe dort).

Bit 0 erlaubt oder sperrt die Aussendung von Break-Zeichen zwischen den einzelnen Übertragungen (alle Datenbits sind 0).

Jede Aktivität des SCI-Systems hat eine direkte Auswirkung auf das SCI-Status-Register SCSR.

7	6	5	4	3	2	1	0
TDRE	TC	RDRF	IDLE	OR	NF	FE	0

Bit 7 zeigt an, ob das Senderegister leer ist. Normalerweise wird dieses Bit vom Anwenderprogramm abgefragt, bevor neue Daten in das Senderegister geschrieben werden.

Bit 6 ist solange 0, bis der Sender seine laufende Übertragung abgeschlossen hat. Dies schließt die Übertragung von Break-Zeichen ein.

Bit 5 zeigt mit einer 1 ein empfangenes Zeichen an. Dies ist die normale Meldung nach Übertragung der empfangenen Information aus dem Empfänger in das SCI-Datenregister. Weitere Informationen über die Qualität der Daten stehen in den Bits 1 bis 3.

Bit 4 zeigt an, das die Empfangsleitung RxD für mindestens eine Zeichenlänge aktiv geworden ist. Um dieses Bit zu setzen, muß die Leitung vorher unbedingt inaktiv geworden sein, d.h. wenn die Leitung nach einer Übertragung im aktiven Zustand verbleibt, wird dieses Bit nicht gesetzt.

Die Bits 1 bis 3 enthalten Zusatzinformationen über die empfangenen Daten. Bit 3 zeigt einen Empfängerüberlauf an, wenn es gesetzt ist, es wurden also weitere Zeichen empfangen, bevor die letzten Zeichen gelesen wurden. Das zuletzt empfangene Zeichen, welches den Überlauf ausgelöst hat, geht bei dieser Bedingung verloren, nicht der vorherige Inhalt des Empfangsregisters.

Bit 2 ist eine Qualitätsaussage für die Übertragungsstrecke. Es wird gesetzt, wenn innerhalb der Übertragung Störimpulse auftreten, die eventuell zu einer Fehlinterpretation der Daten führen könnten. Das Anwenderprogramm kann diese Information bewerten und zum Beispiel eine Wiederholung der Übertragung auslösen.

Bit 1 zeigt einen möglichen Fehler im Übertragungsformat an. Wenn an der Stelle des erwarteten Stopbits eine 0 empfangen wird, setzt der Empfänger dieses Bit auf 1. Eine 0 in Bit 1 ist jedoch keine Aussage für eine korrekte Übertragung, da es durchaus möglich ist, bei falschem Übertragungsformat trotzdem an der erwarteten Position eine 1 zu haben.

Das nachfolgend aufgelistete Beispielprogramm zeigt grundsätzliche Abläufe von Sende- und Empfangsroutinen eines Teilnehmers. Es fehlt die Einbindung in einen übergeordneten Anwendungsprozeß und eine Timer-Interrupt-Task, der die Variable T_Antwort dekrementiert.

```
DOS M68HC11 ABSOLUTE ASSEMBLER, V2.4  C:dmb1.ASC page 1


   1 A                   *
   2 A                   * DIN-MESSBUS-DEMO 1993
   3 A                   *
   4 A                   *
   5 A                   *
   6 A                   * KONSTANTE
   7 A                   *
   8 A
   9 A    0080           TDRE     EQU    $80
  10 A    0020           RDRF     EQU    $20
  11 A    0020           MDA      EQU    $20
  12 A    0040           SMOD     EQU    $40
  13 A    1000           REGBASE  EQU    $1000       REGISTER AB $1000
  14 A    0000
  15 A    0005           ENQ      EQU    $05
  16 A    0010           DLE      EQU    $10
  17 A    0015           NAK      EQU    $15
  18 A    0001           SOH      EQU    $01
  19 A    0002           STX      EQU    $02
  20 A    0017           ETB      EQU    $17
  21 A    0003           ETX      EQU    $03
  22 A    0004           EOT      EQU    $04
  23 A    0000
```

2.8 Elektrische Realisierung

```
DOS M68HC11 ABSOLUTE ASSEMBLER, V2.4   C:dmb1.ASC page 2

24 A   0001              EBEREIT    EQU    $01
25 A   0002              SBEREIT    EQU    $02
26 A   0003              NACHRICHT  EQU    $03
27 A   00F0              T_ANTWORT  EQU    $F0
28 A   0000
29 A   0000
30 A                  *
31 A                  * REGISTER
32 A                  *
33 A
34 A   002B              BAUD       EQU    $2B
35 A   002C              SCCR1      EQU    $2C
36 A   002D              SCCR2      EQU    $2D
37 A   002E              SCSR       EQU    $2E
38 A   002F              SCDR       EQU    $2F
39 A   003B              PPROG      EQU    $3B
40 A   003C              HPRIO      EQU    $3C
41 A   103F              CONFIG     EQU    $103F
42 A   0000

43 A                  *
44 A                  * VARIABLE
45 A                  *

46 A   0000                         ORG    $0
47 P   0000  0001        EADR       RMB    1
48 P   0001  0001        SADR       RMB    1
49 P   0002  0001        STATUS     RMB    1
50 P   0003  0001        BCC        RMB    1
51 P   0004  0001        ANTWORT    RMB    1
52 P   0005  0001        AUFFORD    RMB    1
53 P   0006  0001        TIMER      RMB    1
54 P   0007  0080        BUFFER     RMB    $80
55 A   0087

56 A                  *
57 A                  * INITIALISIERUNG DER SCHNITTSTELLE
58 A                  *
59 A
60 A   B000                         ORG    $B000
61 A
62 A   B000  8E00FF      INIT       LDS    #$FF          STACKPOINTER DEFINIEREN
63 A   B003  CE1000                 LDX    #REGBASE      STARTADRESSE REGISTERBLOCK
64 A   B006  6F2C                   CLR    SCCR1,X       SCI 8 BIT 9600 BAUD
65 A   B008  CC300C                 LDD    #$300C
66 A   B00B  A72B                   STAA   BAUD,X
67 A   B00D  E72D                   STAB   SCCR2,X
68 A   B00F  1C3C20                 BSET   HPRIO,X,#MDA
69 A   B012  1D3C40                 BCLR   HPRIO,X,#SMOD
70 A
71 A                  *
72 A                  * HAUPTPROGRAMM
73 A                  *
74 A
75 A   B015  BDB13A      HAUPT      JSR    LESEN         FRAGE SCHNITTSTELLE
76 A   B018  27FB                   BEQ    HAUPT         NICHTS
77 A
78 A   B01A  D100                   CMPB   EADR
79 A   B01C  2707                   BEQ    EMPFANG       EMPFANGSPROGRAMM AUFRUFEN
80 A   B01E  D101                   CMPB   SADR
81 A   B020  26F3                   BNE    HAUPT
82 A   B022  7EB0A7                 JMP    SENDEN        SENDEPROGRAMM AUFRUFEN
83 A
```

```
DOS M68HC11 ABSOLUTE ASSEMBLER, V2.4   C:dmb1.ASC  page 3

 84 A  B025 BDB13A   EMPFANG    JSR   LESEN         ZEICHEN LESEN
 85 A  B028 27FB                BEQ   EMPFANG       WARTEN
 86 A  B02A C105                CMPB  #ENQ          AUFFORDERUNG?
 87 A  B02C 26E7                BNE   HAUPT         NEIN, ABBRUCH
 88 A  B02E 12020107            BRSET STATUS,#EBEREIT,EMPFANG1
 89 A  B032 C615                LDAB  #NAK
 90 A  B034 BDB144              JSR   SCHREIBEN     NEGATIVE QUITTUNG
 91 A  B037 20DC                BRA   HAUPT
 92 A  B039 D600     EMPFANG1   LDAB  EADR
 93 A  B03B BDB144              JSR   SCHREIBEN     POSITIVE QUITTUNG
 94 A  B03E C610                LDAB  #DLE
 95 A  B040 BDB144              JSR   SCHREIBEN
 96 A  B043 C630                LDAB  #$30
 97 A  B045 BDB144              JSR   SCHREIBEN
 98 A  B048 BDB13A   EMPFANG2   JSR   LESEN
 99 A  B04B 27FB                BEQ   EMPFANG2      AUF ZEICHEN WARTEN
100 A  B04D C104                CMPB  #EOT
101 A  B04F 27C4                BEQ   HAUPT
102 A  B051 C102                CMPB  #STX
103 A  B053 270B                BEQ   EMPFANG4
104 A  B055 C105                CMPB  #ENQ
105 A  B057 26EF                BNE   EMPFANG2      WEITER WARTEN
106 A  B059 C615     EMPFANG3   LDAB  #NAK
107 A  B05B BDB144              JSR   SCHREIBEN     NEGATIVE QUITTUNG
108 A  B05E 20E8                BRA   EMPFANG2      WEITER WARTEN
109 A  B060 18CE0000 EMPFANG4   LDY   #$00          ZEIGER AUF BUFFER
110 A  B064 BDB13A   EMPFANG5   JSR   LESEN
111 A  B067 C104                CMPB  #EOT
112 A  B069 27AA                BEQ   HAUPT         ABBRUCH
113 A  B06B C105                CMPB  #ENQ
114 A  B06D 27EA                BEQ   EMPFANG3
115 A  B06F C103                CMPB  #ETX
116 A  B071 2707                BEQ   EMPFANG6
117 A  B073 18E707              STAB  BUFFER,Y      ZEICHEN ABSPEICHERN
118 A  B076 1808                INY                 ZEIGER ERH HEN
119 A  B078 20EA                BRA   EMPFANG5      UND WEITER
120 A  B07A BDB13A   EMPFANG6   JSR   LESEN         WARTEN AUF BCC
121 A  B07D 27FB                BEQ   EMPFANG6
122 A  B07F C104                CMPB  #EOT
123 A  B081 2792                BEQ   HAUPT
124 A  B083 D703                STAB  BCC           RETTEN
125 A  B085 BDB130              JSR   BCCTEST       PR FEN
126 A  B088 26CF                BNE   EMPFANG3      FEHLER!
127 A  B08A C610     EMPFANG7   LDAB  #DLE
128 A  B08C BDB144              JSR   SCHREIBEN     POSITIVE QUITTUNG
129 A  B08F C631                LDAB  #$31
130 A  B091 BDB144              JSR   SCHREIBEN
131 A  B094 BDB13A   EMPFANG8   JSR   LESEN
132 A  B097 27FB                BEQ   EMPFANG8
133 A  B099 C105                CMPB  #ENQ
134 A  B09B 27ED                BEQ   EMPFANG7      WIEDERHOLEN
135 A  B09D C104                CMPB  #EOT
136 A  B09F 26F3                BNE   EMPFANG8
137 A  B0A1 140203              BSET  STATUS,#NACHRICHT    MELDEN
138 A  B0A4 7EB015   JMP_HAUPT  JMP   HAUPT
139 A  B0A7
140 A  B0A7 BDB13A   SENDEN     JSR   LESEN         ZEICHEN LESEN
141 A  B0AA 27FB                BEQ   SENDEN        WARTEN
142 A  B0AC C105                CMPB  #ENQ          AUFFORDERUNG?
143 A  B0AE 26F4                BNE   JMP_HAUPT     NEIN, ABBRUCH
144 A  B0B0 12020285            BRSET STATUS,#SBEREIT,EMPFANG1
145 A  B0B4 C615                LDAB  #NAK
146 A  B0B6 BDB144              JSR   SCHREIBEN     NEGATIVE QUITTUNG
147 A  B0B9 20E9                BRA   JMP_HAUPT
```

2.8 Elektrische Realisierung

```
DOS M68HC11 ABSOLUTE ASSEMBLER, V2.4  C:dmb1.ASC page 4


148 A  B0BB D601      SENDEN1   LDAB    SADR
149 A  B0BD BDB144              JSR     SCHREIBEN      POSITIVE QUITTUNG
150 A  B0C0 C610                LDAB    #DLE
151 A  B0C2 BDB144              JSR     SCHREIBEN
152 A  B0C5 C630                LDAB    #$30
153 A  B0C7 BDB144              JSR     SCHREIBEN
154 A  B0CA 7F0004              CLR     ANTWORT        Z HLER AUF 0 SETZEN
155 A  B0CD 18CE0000 SENDEN2    LDY     #$00           ZEIGER AUF ERSTES ZEICHEN
156 A  B0D1 BDB025   SENDEN3    JSR     EMPFANG
157 A  B0D4 C104               CMPB     #EOT
158 A  B0D6 27CC                BEQ     JMP_HAUPT      ABBRUCH
159 A  B0D8 18E607              LDAB    BUFFER,Y       ZEICHEN HOLEN
160 A  B0DB C103                CMPB    #ETX           ENDE TEXT?
161 A  B0DD 2707                BEQ     SENDEN4        JA
162 A  B0DF BDB144              JSR     SCHREIBEN      SONST AB DAMIT
163 A  B0E2 1808                INY                    ZEIGER ERH HEN
164 A  B0E4 26EB                BNE     SENDEN3        UND N CHSTES ZEICHEN
165 A  B0E6 7F0005   SENDEN4    CLR     AUFFORD        Z HLER L SCHEN
166 A  B0E9 C6F0     SENDEN5    LDAB    #T_ANTWORT     ANTWORT BERWACHUNGSZEIT
167 A  B0EB D706                STAB    TIMER          INTERRUPT DEKREMENTIERT!
168 A  B0ED BDB025   SENDEN6    JSR     EMPFANG
169 A  B0F0 C104                CMPB    #EOT
170 A  B0F2 27B0                BEQ     JMP_HAUPT
171 A  B0F4 C115                CMPB    #NAK
172 A  B0F6 260C                BNE     SENDEN7
173 A  B0F8 7C0004              INC     ANTWORT        Z HLEN
174 A  B0FB D604                LDAB    ANTWORT
175 A  B0FD C103                CMPB    #$03
176 A  B0FF 26CC                BNE     SENDEN2        BLOCK WIEDERHOLEN
177 A  B101 7EB128              JMP     SENDEN9
178 A  B104 C110     SENDEN7    CMPB    #DLE
179 A  B106 2714                BEQ     SENDEN8
180 A  B108 D606                LDAB    TIMER
181 A  B10A 26E1                BNE     SENDEN6        WEITER WARTEN
182 A  B10C 7C0005              INC     AUFFORD        Z HLEN
183 A  B10F D605                LDAB    AUFFORD
184 A  B111 C103                CMPB    #$03
185 A  B113 2713                BEQ     SENDEN9
186 A  B115 C605                LDAB    #ENQ
187 A  B117 BDB144              JSR     SCHREIBEN      AUFFORDERUNG SENDEN
188 A  B11A 20CD                BRA     SENDEN5
189 A  B11C BDB025   SENDEN8    JSR     EMPFANG
190 A  B11F 27FB                BEQ     SENDEN8        AUF ZEICHEN WARTEN
191 A  B121 C131                CMPB    #$31
192 A  B123 2603                BNE     SENDEN9
193 A  B125 150202              BCLR    STATUS,#SBEREIT MELDEN
194 A  B128 C604     SENDEN9    LDAB    #EOT
195 A  B12A BDB144              JSR     SCHREIBEN
196 A  B12D 7EB015              JMP     HAUPT
197 A
198 A
199 A
200 A
201 A
202 A  B130 5F                  BCCTEST         CLRB
203 A  B131 1809                DEY             ZEIGER AUF LETZTES ZEICHEN
204 A  B133 18E807   BCCTEST1   EORB    BUFFER,Y
205 A  B136 1809                DEY
206 A  B138 2AF9                BPL     BCCTEST1
207 A
208 A  B13A         LESEN       EQU     *              ZEICHEN AUS SCHNITTSTELLE LESEN
209 A  B13A 1F2E2003            BRCLR   SCSR,X,#RDRF,LESEN1
210 A  B13E E62F                LDAB    SCDR,X
211 A  B140 39                  RTS
```

```
DOS M68HC11 ABSOLUTE ASSEMBLER, V2.4   C:dmb1.ASC page 5


212 A  B141 C600      LESEN1    LDAB  #$00          NICHTS GELESEN
213 A  B143 39                  RTS
214 A
215 A  B144 1F2E80FC SCHREIBEN  BRCLR SCSR,X,#TDRE,*  ZEICHEN AN SCHNITTSTELLE
                                                      SENDEN
216 A  B148 E72F                STAB  SCDR,X          ZEICHEN SENDEN
217 A  B14A 39                  RTS
218 A                 *
219 A                 *
220 A                 *
221 A                           END

SYMBOL TABLE: Total Entries=   60

ANTWORT     0004    MDA         0020
AUFFORD     0005    NACHRICH    0003
BAUD        002B    NAK         0015
BCC         0003    PPROG       003B
BCCTEST     B130    RDRF        0020
BCCTEST1    B133    REGBASE     1000
BUFFER      0007    SADR        0001
CONFIG      103F    SBEREIT     0002
DLE         0010    SCCR1       002C
EADR        0000    SCCR2       002D
EBEREIT     0001    SCDR        002F
EMPFANG     B025    SCHREIBE    B144
EMPFANG1    B039    SCSR        002E
EMPFANG2    B048    SENDEN      B0A7
EMPFANG3    B059    SENDEN1     B0BB
EMPFANG4    B060    SENDEN2     B0CD
EMPFANG5    B064    SENDEN3     B0D1
EMPFANG6    B07A    SENDEN4     B0E6
EMPFANG7    B08A    SENDEN5     B0E9
EMPFANG8    B094    SENDEN6     B0ED
ENQ         0005    SENDEN7     B104
EOT         0004    SENDEN8     B11C
ETB         0017    SENDEN9     B128
ETX         0003    SMOD        0040
HAUPT       B015    SOH         0001
HPRIO       003C    STATUS      0002
INIT        B000    STX         0002
JMP_HAUP    B0A4    TDRE        0080
LESEN       B13A    TIMER       0006
LESEN1      B141    T_ANTWOR    00F0
```

2.8.3.2 Microchip PIC 17C42

Der Mikroprozessor PIC17C42 des Herstellers Microchip ist das erste Mitglied einer neuen Generation von RISC-Mikroprozessoren (RISC = Reduced Instruction Set CPU), die auf den Erfahrungen mit der erfolgreichen Familie PIC16C5X aufbaut. Der PIC17C42 besitzt eine ähnliche interne Struktur, verfügt aber über wesentlich erweiterte I/O-Ressourcen, mehr adressierbaren Speicher und einen für Anwendungen der Steuer- und Regelungstechnik optimierten Befehlssatz. Bei dieser neuen Generation von

2.8 Elektrische Realisierung

Mikroprozessoren wird fast jeder Befehl in einem einzigen Taktzyklus ausgeführt, so daß auch sehr schnelle Echtzeitanwendungen problemlos abgedeckt werden. Insgesamt verfügt der Mikroprozessor PIC17C42 über:

- 2K X 16 EPROM (extern auf 64 KX16 erweiterbar),
- 232 X 8 RAM,
- 48 Spezialregister,
- 16X16 Hardware Stack,
- 11 externe und interne Interruptquellen,
- 33 I/O-Leitungen,
- 3 Timer/Counter mit 16 Bit,
- 2 Capture Register
- 2 PWM-Ausgänge mit 10 Bit Auflösung,
- Serielle Schnittstelle inklusive Baudrate-Generator,
- preiswerte OTP-Version.

Der statische Aufbau des Mikroprozessors erlaubt Taktfrequenzen zwischen 0 und 16 MHz. Durch einen speziellen Befehl kann der Mikroprozessor in eine besonders energiesparende Betriebsart geschaltet werden, wenn er nicht benötigt wird. Damit ist ein problemloser Einsatz in batteriegestützten Systemen möglich. Bild 2.28 zeigt das interne Blockschaltbild des Mikroprozessors, Bild 2.27 seine Pinbelegung.

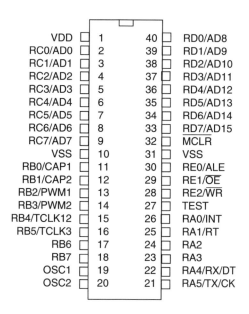

Bild 2.27 Pinbelegung des PIC17C42 im 40poligen DIL-Gehäuse

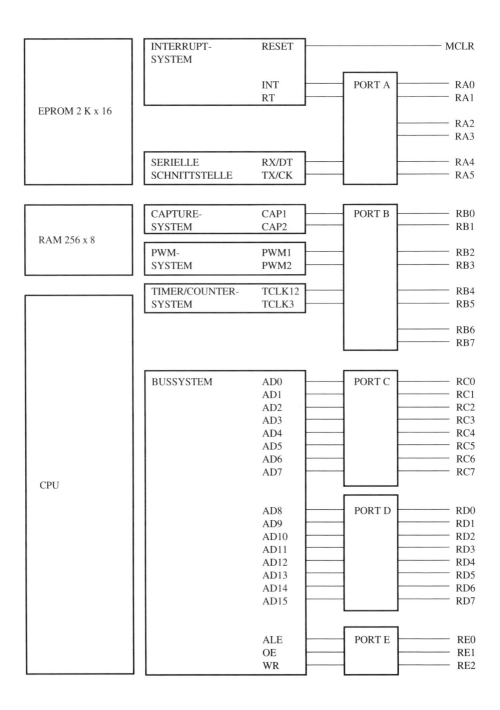

Bild 2.28 Internes Blockschaltbild des Mikroprozessors PIC17C42

2.8 Elektrische Realisierung

Für die Anwendung mit dem DIN-Meßbus ist auch hier die komplette integrierte Schnittstelle des PIC17C42 das wesentliche Kriterium. Diese erlaubt es auf einfache Weise, das DIN-Meßbus-Protokoll zu implementieren. Durch die besonders hohe Rechenleistung dieses Mikroprozessors wird die CPU durch die Busüberwachung kaum belastet, dem Anwender steht fast die gesamte Kapazität zur Verfügung. Zusätzlich besitzt der PIC17C42 eine spezielle, von den restlichen Timern/Countern des Systems unabhängige Echtzeituhr, die ideal zur Überwachung der Reaktionszeiten auf dem Bus herangezogen werden kann: das RTCC-Modul (RTCC = Real Time Clock Counter).

Es gibt zwei Signalquellen für den RTCC: den RT-Pin als externen Eingang oder den internen Systemtakt ($F_{osc}/4$). Das ausgewählte Signal gelangt über einen programmierbaren Vorteiler auf den Eingang des RTCC. Die aktive Flanke des RT-Pins kann mit dem RTEDG-Bit im Register RTCSTA bestimmt werden:

7	6	5	4	3	2	1	0
INTEDG	RTEDG	T/C	RTPS3	RTPS2	RTPS1	RTPS0	-

- INTEDG: Dieses Bit legt die aktive Flanke des Interrupt-Pins INT fest. Eine 1 erzeugt einen Interrupt bei ansteigender Flanke, eine 0 erzeugt einen Interrupt bei abfallender Flanke.

- RTEDG: Mit diesem Bit wird sowohl die auslösende Flanke des RT-Interrupts bestimmt wie auch die aktive Flanke des RTCC, wenn der RT-Pin als Signalquelle verwendet wird. Eine 1 sorgt für einen Interrupt und/oder Zählvorgang bei ansteigender Flanke, eine 0 aktiviert die abfallende Flanke.

- T/C: Das T/C-Bit legt fest, welche Signalquelle der RTCC benutzt. T/C = 1 wählt den RT-Pin, T/C = 0 wählt den internen Takt aus.

Die Bits RTPS0 bis RTPS3 bestimmen den Teilerfaktor des Vorteilers:

RTPS3	RTPS2	RTPS1	RTPS0	Teilerfaktor
0	0	0	0	1 : 1
0	0	0	1	1 : 2
0	0	1	0	1 : 4
0	0	1	1	1 : 8
0	1	0	0	1 : 16
0	1	0	1	1 : 32
0	1	1	0	1 : 64
0	1	1	1	1 : 128
1	X	X	X	1 : 256

Der RTCC belegt zwei Register im Datenbereich der CPU: RTCCL (0B) und RTCCH (0C). Jeder Schreibvorgang auf eines dieser Register setzt den Vorteiler auf 0 zurück. Damit der gewünschte Wert korrekt in den RTCC geschrieben wird, muß zuerst das Low-Byte und dann direkt anschließend das High-Byte beschrieben werden.

```
        .
        .
        bsf     cpusta,glintd   ; Der Schreibvorgang darf
                                ; nicht unterbrochen
                                ; werden
        movfp   l_byte,rtccl    ; zuerst das Low-Byte
        movfp   h_byte,rtcch    ; dann das High-Byte
        bcf     cpusta,glintd   ; Interrupt erlauben
        .
        .
```

Ein ähnliches Problem entsteht beim Lesen des RTCC. Da immer nur eines der beiden Bytes gelesen werden kann, besteht die Möglichkeit, daß zwischen den beiden Lesevorgängen ein Überlauf des Low-Bytes von FF auf 0 stattfindet. Um dieses Problem zu beheben, muß der RTCC zweimal hintereinander ausgelesen werden:

```
            .
            .
            .
            bsf     cpusta,glintd   ; Interrupt aus
            movpf   rtccl,ram_low   ; zuerst Low-Byte lesen
            movpf   rtcch,ram_high  ; dann High-Byte
            movpf   rtccl,w         ; noch einmal
            movpf   rtcch,temp      ;
            cpfsgt  ram_l           ; Vergleich mit W
            goto    fertig          ; in Ordnung
            movpf   w,ram_low       ; Korrektur Low-Byte
            movpf   temp,ram_high   ; Korrektur High-Byte
fertig      bcf     cpusta,glintd   ; Interrupt frei
            .
            .
```

Zur eigentlichen Realisierung des DIN-Meßbus-Anschlusses wird das Schnittstellenmodul des PIC17C42 benutzt. Es müssen nur noch die der gewünschten Norm (RSR232, RS485 u.s.w.) entsprechenden Empfänger- und Senderbausteine extern hinzugefügt werden, zur Steuerung der Senderfreigabe kann eine beliebige Portleitung herangezogen werden. Mit dieser seriellen Schnittstelle kann eine komplette asynchrone Voll-Duplexverbindung aufgebaut werden, d.h., gleichzeitiges Senden und Empfangen ist möglich. Die Übertragung erfolgt mit 8 oder 9 Bit, einem Start- und einem Stopbit. Zusätzlich steht noch eine synchrone Halb-Duplexverbindung zur Verfügung, die zur Verbindung zweier

2.8 Elektrische Realisierung

Mikroprozessoren miteinander verwendet werden kann. Da eine erfolgreiche Programmierung die Kenntnis beider Systeme voraussetzt, werden sie nachfolgend beide beschrieben, wenn auch für den DIN-Meßbus nur die asynchrone Variante zum Tragen kommt.

Die serielle Schnittstelle benutzt in jedem Fall zwei Pins von Port A, Port A 4 und Port A 5. Deshalb muß unabhängig von der Betriebsart der Schnittstelle das Bit SPEN im Register RCSTA gesetzt werden. Dieses Bit trennt die beiden Pins von Port A und verbindet sie mit der Schaltung der seriellen Schnittstelle.

7	6	5	4	3	2	1	0
SPEN	RC8/9	SREN	CREN	-	FRERR	OERR	RCD8

Asynchroner Voll-Duplex-Betrieb:

Die asynchrone Betriebsart wird durch das Bit SYNC im Register TXSTA bestimmt. Eine 0 wählt die asynchrone, eine 1 die synchrone Betriebsart aus.

7	6	5	4	3	2	1	0
CSRC	TX8/9	TXEN	SYNC	-	-	TRMT	TXD8

In der asynchronen Betriebsart ist der Pin RX (Port A 4) der Empfängereingang, Pin TX (Port A 5) der Senderausgang. Die Daten werden mit dem niederwertigsten Bit voran übertragen. Die Baudrate ist für Empfänger und Sender gleich, sie wird vom internen Baudrategenerator erzeugt und durch den Inhalt des Register SPBRG bestimmt. Tabelle 2.2 zeigt für Standardbaudraten und verschiedene Oszillatorfrequenzen die in das Register SPBRG zu programmierenden Teilerfaktoren.

Um den Sendebetrieb der Schnittstelle freizugeben, muß das Bit TXEN im Register TXSTA gesetzt werden. Damit ist der Sender vorbereitet. Eine Sendung wird jetzt automatisch mit dem Schreibvorgang in den Sendepuffer, Register TXREG, gestartet. Da das Register TXREG doppelt gepuffert ist, kann sofort anschließend, noch während die Sendung des ersten Zeichens läuft, das zweite zu sendende Zeichen in das Register TXREG geschrieben werden. Sobald das erste Zeichen komplett gesendet ist, wird das Register TXREG wieder geleert und der Interrupt TBMT im Register PIR angefordert. Auf diese Weise kann ohne Unterbrechung ein kontinuierlicher Datenstrom gesendet werden.

Die Wortbreite kann wahlweise 8 oder 9 bit betragen, sie wird durch das Bit 8/9 im Register TXSTA ausgewählt. Bei 9-bit-Übertragung (8/9 = 1) stellt das Bit TXD8 im Register TXSTA das fehlende neunte Bit des Sendepuffers dar. Auch dieses Bit ist doppelt gepuffert. Da der PIC17C42 keine Parity-Erkennung unterstützt, kann dieses Bit dazu

Baudrate	Quarzfrequenz						
	20 MHz	16 MHz	10 MHz	8 MHz	4 MHz	1 MHz	32,768 kHz
300	-	-	-	-	207	51	1
600	-	-	255	207	103	25	-
1200	255	207	129	103	51	12	-
2400	129	103	64	51	25	6	-
4800	64	51	32	25	12	2	-
9600	32	25	15	12	6	-	-
19200	15	12	7	6	2	-	-
38400	7	6	3	2	-	-	-
76800	3	2	-	-	-	-	-

Tabelle 2.2 Teilerfaktoren für den Baudrate-Generator in Abhängigkeit von gewünschter Übertragungsrate und Quarzfrequenz des Mikroprozessors für den asynchronen Betrieb

benutzt werden. Die Generierung des Parity-Bits und die Überprüfung im Empfänger kann einfach per Software implementiert werden.

Der Empfänger des PIC17C42 tastet das Signal am RX-Pin mit der sechzehnfachen Baudrate ab. Zur Bewertung, ob eine logische 0 oder 1 anliegt, werden die Abtastungen 7, 8 und 9 in der Mitte des Zeitfensters herangezogen. Aus diesen drei Abtastungen wird eine Mehrheitsentscheidung getroffen. Aus diesem Verfahren resultiert eine sehr hohe Datensicherheit auch in typischer, gestörter Industrieumgebung.

Der Empfang startet, wenn ein Startbit am RX-Pin erkannt wurde. Sobald das Stopbit abgetastet wurde, also etwa in der Mitte dieses Bitfensters, wird das empfangene Zeichen bereits in das Empfangsregister RCREG übertragen, vorausgesetzt, dieses ist leer. Das Register RCREG ist ein zwei Worte tiefes FIFO-Register (FIFO = First In, First Out), so daß insgesamt zwei Zeichen gespeichert werden können, während bereits das dritte Zeichen empfangen wird. Wurde bis zum Ende des dritten Zeichens immer noch kein Zeichen aus dem Empfangsregister gelesen, so wird dieser Fehler durch Setzen des Bits OERR im Register RCSTA gemeldet.

Die Bits RCD8 (neuntes Bit bei 9-bit-Übertragung) und FERR (Framing Error, d.h. Stopbit = 0) werden genau wie Register RCREG doppelt gepuffert, da diese Informationen immer zu dem entsprechenden Zeichen gehören. Der Anwender muß diese Bits zuerst lesen, da sie mit dem Lesezugriff auf das Register RCSTA bereits auf das folgende Zeichen aktualisiert werden. Sobald ein Zeichen komplett empfangen wurde, wird das Interruptbit RBFL im Register PIR gesetzt, um diesen Status zu melden.

Synchroner Betrieb:

Die synchrone Datenübertragung wird mit Bit SYNC = 1 im Register TXSTA gewählt. Gleichzeitig muß Bit SPEN im Register RCSTA gesetzt sein, um die beiden Portleitungen zu konfigurieren: Pin CK (Port A 4) als Taktleitung und Pin DT (Port A 5) als Datenleitung. Die synchrone Datenübertragung arbeitet im Halb-Duplexbetrieb, die Datenleitung ist also bidirektional. Der Takt kann wahlweise intern erzeugt werden (CSRC = 1, Register TXSTA), dann ist Pin CK als Ausgang geschaltet, oder er kann von außen kommen (CSRC = 0), dann ist Pin CK ein Takteingang. Auf diese Weise können beliebig viele Mikroprozessoren zu einem Master/Slave-System zusammengeschaltet werden.

Auch im synchronen Betrieb können wahlweise 8 oder 9 Bits übertragen werden, es gibt jedoch kein Start- oder Stopbit. Um den Sendebetrieb der Schnittstelle freizugeben, muß das Bit TXEN im Register TXSTA gesetzt werden. Damit ist der Sender vorbereitet. Eine Sendung wird jetzt automatisch mit dem Schreibvorgang in den Sendepuffer, Register TXREG, gestartet. Das erste Bit wird mit der nächsten ansteigenden Flanke am Pin CK ausgegeben, es ist zum Zeitpunkt der abfallenden Flanke des Taktsignals gültig. Da das Register TXREG doppelt gepuffert ist, kann sofort anschließend, noch während die Sendung des ersten Zeichens läuft, das zweite zu sendende Zeichen in das Register TXREG geschrieben werden. Sobald das erste Zeichen komplett gesendet ist, wird das Register TXREG wieder geleert und der Interrupt TBMT im Register PIR angefordert. Auf diese Weise kann ohne Unterbrechung ein kontinuierlicher Datenstrom gesendet werden. Bei 9-bit-Übertragung (8/9 = 1) stellt das Bit TXD8 im Register TXSTA das fehlende neunte Bit des Sendepuffers dar. Auch dieses Bit ist doppelt gepuffert.

Der Empfänger des PIC17C42 übernimmt die Information am DT-Pin mit der abfallenden Flanke des Taktsignals am CK-Pin. Um den Empfänger zu aktivieren, muß entweder das Bit SREN oder das Bit CREN im Register RCSTA gesetzt sein. SREN (Single Receive Enable) aktiviert den Empfänger für ein einziges Zeichen, CREN (Continous Receive Enable) aktiviert den Empfänger für jedes ankommende Zeichen. Dieses Bit hat Vorrang.

Sobald ein Zeichen empfangen wurde, wird es in das Empfangsregister RCREG übertragen, so daß der Empfänger für das nächste Zeichen frei ist. Das Register RCREG ist ein zwei Worte tiefes FIFO-Register (FIFO = First In, First Out), so daß insgesamt zwei Zeichen gespeichert werden können, während bereits das dritte Zeichen empfangen wird. Wurde bis zum Ende des dritten Zeichens immer noch kein Zeichen aus dem Empfangsregister gelesen, so wird dieser Fehler durch Setzen des Bits OERR im Register RCSTA gemeldet.

Das Bit RCD8 (neuntes Bit bei 9-bit-Übertragung) wird genau wie Register RCREG doppelt gepuffert, da diese Informationen immer zu dem entsprechenden Zeichen gehören. Der Anwender muß dieses Bit zuerst lesen, da es mit dem Lesezugriff auf das Register RCSTA bereits auf das folgende Zeichen aktualisiert wird. Sobald ein Zeichen komplett empfangen wurde, wird das Interruptbit RBFL im Register PIR gesetzt, um diesen Status zu melden.

Eine spezielle Anwendung hat die synchrone Datenübertragung in Master/Slave-Systemen. Hier kann ein als Slave konfigurierter PIC17C42 durch ein empfangenes Zeichen aus dem energiesparenden Sleep-Mode geweckt werden. Diese Funktion wird über den Interrupt des Empfängers ausgelöst, vorausgesetzt, dieser ist beim Übergang in den Sleep-Mode aktiviert und freigegeben.

Für die synchrone Datenübertragung gelten andere Teilerfaktoren, Tabelle 2.3 listet diese für Standardbaudraten und verschiedene Oszillatorfrequenzen.

	Quarzfrequenz						
Baudrate	20,0000	16,0000	10,0000	8,0000	4,0000	1,0000	0,032768
300	-	-	-	-	-	-	26
600	-	-	-	-	-	-	13
1200	-	-	-	-	-	207	6
2400	-	-	-	-	-	103	3
4800	-	-	-	-	207	51	1
9600	-	-	255	207	103	25	-
19200	255	207	129	103	51	12	-
38400	129	103	64	51	25	6	-
76800	64	51	32	25	12	2	-
300000	16	12	7	6	2	-	-
500000	9	7	4	3	1	-	-

Tabelle 2.3 Teilerfaktoren für den Baudrate-Generator in Abhängigkeit von gewünschter Übertragungsrate und Quarzfrequenz des Mikroprozessors für den synchronen Betrieb

Um einen Eindruck zu geben, wie das DIN-Meßbus-Protokoll auf dem PIC17C42 implementiert werden kann, folgt ein Programmlisting mit einem minimalen Teilnehmerprogramm. Es ist in der Lage, Nachrichten von maximal 128 Zeichen zu verarbeiten, es wird also nur ein einziger Block unterstützt. Die Überwachung der Antwortüberwachungszeit wird mit dem zuvor beschriebenen RTCC-Modul durchgeführt. Die im Beispiel verwendeten Schnittstellenparameter und Zeiten beziehen sich auf eine Übertragungsrate von 9600 Baud.

2.8 Elektrische Realisierung

```
dmb2    DIN-Meßbus-Teilnehmer V1.0    Page 1

Addr   Data   Line   Statement
-------------------------------------------------------------------------------
              2.
              3.    list        C=132, L=55, X=NO
              4.
       0001   5.    f           equ     0x01
              6.
       0000   7.    indirekt0   equ     0x00
       0001   8.    fsr0        equ     0x01
       0002   9.    pcl         equ     0x02
       0003   10.   pclath      equ     0x03
       0004   11.   alusta      equ     0x04
       0005   12.   rtcsta      equ     0x05
       0006   13.   cpusta      equ     0x06
       0007   14.   intsta      equ     0x07
       0008   15.   indirekt1   equ     0x08
       0009   16.   fsr1        equ     0x09
       000A   17.   w           equ     0x0a
       000B   18.   rtccl       equ     0x0b
       000C   19.   rtcch       equ     0x0c
       000D   20.   tblptrl     equ     0x0d
       000E   21.   tblptrh     equ     0x0e
       000F   22.   bsr         equ     0x0f
              23.
              24.
       0018   25.   hilf        equ     0x18    ; Hilfsregister
       001A   26.   uhr         equ     0x1a    ; Stopuhr
       001B   27.   antwort     equ     0x1b    ; Zähler Antwortüberwachung
       001C   28.   status      equ     0x1c    ; Statusbyte
       001D   29.   eadr        equ     0x1d    ; Empfangsadresse
       001E   30.   sadr        equ     0x1e    ; Sendeadresse
       001F   31.   aufford     equ     0x1f    ; Aufforderungszähler
       0020   32.   bcc         equ     0x20    ; BCC-Zeichen
       0080   33.   buffer      equ     0x80    ; Buffer für Nachricht
              34.
              35.
000000        36.   cblock      0x10
       0010   37.   porta
       0011   38.   ddrb
       0012   39.   portb
       0013   40.   rcsta
       0014   41.   rcreg
       0015   42.   txsta
       0016   43.   txreg
       0017   44.   spreg
              45.   endc
000000        46.   cblock      0x10
       0010   47.   ddrc
       0011   48.   portc
       0012   49.   ddrd
       0013   50.   portd
       0014   51.   ddre
       0015   52.   porte
       0016   53.   pir
       0017   54.   pie
              55.   endc
000000        56.   cblock      0x10
       0010   57.   timer1
       0011   58.   timer2
       0012   59.   timer3l
       0013   60.   timer3h
       0014   61.   pr1
       0015   62.   pr2
       0016   63.   pr3l
       0017   64.   pr3h
```

```
dmb2    DIN-Meßbus-Teilnehmer V1.0      Page 2

Addr    Data    Line    Statement
--------------------------------------------------------------------------------
                65.     endc
000000          66.     cblock      0x10
        0010    67.     pw1dcl
        0011    68.     pw2dcl
        0012    69.     pw1dch
        0013    70.     pw2dch
        0014    71.     ca2l
        0015    72.     ca2h
        0016    73.     tcon1
        0017    74.     tcon2
                75.     endc
                76.
                77.
                78.     ;
                79.     ; Konstante
                80.     ;
                81.
        0007    82.     fs3         equ     0x07
        0006    83.     fs2         equ     0x06
        0005    84.     fs1         equ     0x05
        0004    85.     fs0         equ     0x04
        0003    86.     overflow    equ     0x03
        0002    87.     zero        equ     0x02
        0002    88.     null        equ     0x02
        0001    89.     d_carry     equ     0x01
        0000    90.     carry       equ     0x00
                91.
        0007    92.     intedg      equ     0x07
        0006    93.     rtedg       equ     0x06
        0005    94.     tc          equ     0x05
        0004    95.     rtps3       equ     0x04
        0003    96.     rtps2       equ     0x03
        0002    97.     rtps1       equ     0x02
        0001    98.     rtps0       equ     0x01
                99.
        0005    100.    stkav       equ     0x05
        0004    101.    glintd      equ     0x04
        0003    102.    to          equ     0x03
        0002    103.    pd          equ     0x02
                104.
        0007    105.    peir        equ     0x07
        0006    106.    rtxir       equ     0x06
        0005    107.    rtcir       equ     0x05
        0004    108.    intir       equ     0x04
        0003    109.    peie        equ     0x03
        0002    110.    rtxie       equ     0x02
        0001    111.    rtcie       equ     0x01
        0000    112.    intie       equ     0x00
                113.
        0007    114.    pueb        equ     0x07
                115.
        0007    116.    spen        equ     0x07
        0006    117.    rc89        equ     0x06
        0005    118.    sren        equ     0x05
        0004    119.    cren        equ     0x04
        0002    120.    perr        equ     0x02
        0001    121.    oerr        equ     0x01
        0000    122.    rcd8        equ     0x00
                123.
        0007    124.    csrc        equ     0x07
        0006    125.    tx89        equ     0x06
        0005    126.    txen        equ     0x05
        0004    127.    sync        equ     0x04
```

2.8 Elektrische Realisierung

```
dmb2    DIN-Meßbus-Teilnehmer V1.0      Page 3

Addr    Data    Line    Statement
-------------------------------------------------------------------------------
        0001    128.    trmt        equ     0x01
        0000    129.    txd8        equ     0x00
                130.
        0007    131.    irb         equ     0x07
        0006    132.    tm3ir       equ     0x06
        0005    133.    tm2ir       equ     0x05
        0004    134.    tm1ir       equ     0x04
        0003    135.    ca2ir       equ     0x03
        0002    136.    ca1ir       equ     0x02
        0001    137.    tbmt        equ     0x01
        0000    138.    rbfl        equ     0x00
                139.
        0007    140.    ieb         equ     0x07
        0006    141.    tm3ie       equ     0x06
        0005    142.    tm2ie       equ     0x05
        0004    143.    tm1ie       equ     0x04
        0003    144.    ca2ie       equ     0x03
        0002    145.    ca1ie       equ     0x02
        0001    146.    txie        equ     0x01
        0000    147.    rcie        equ     0x00
                148.
        0005    149.    tm2pw2      equ     0x05
                150.
        0007    151.    ca2ed1      equ     0x07
        0006    152.    ca2ed0      equ     0x06
        0005    153.    ca1ed1      equ     0x05
        0004    154.    ca1ed0      equ     0x04
        0003    155.    t16_8       equ     0x03
        0002    156.    tmr3c       equ     0x02
        0001    157.    tmr2c       equ     0x01
        0000    158.    tmr1c       equ     0x00
                159.
        0007    160.    ca2ovf      equ     0x07
        0006    161.    ca1ofv      equ     0x06
        0005    162.    pwm2on      equ     0x05
        0004    163.    pwm1on      equ     0x04
        0003    164.    ca1pr3      equ     0x03
        0002    165.    tmr3on      equ     0x02
        0001    166.    tmr2on      equ     0x01
        0000    167.    tmr1on      equ     0x00
                168.
        0000    169.    bank0       equ     0x00
        0001    170.    bank1       equ     0x01
        0002    171.    bank2       equ     0x02
        0003    172.    bank3       equ     0x03
                173.
                174.    ;
                175.    ; Konstante für I/O:
                176.    ;
                177.
        0003    178.    ten         equ     0x03        ; Port A Transceiver Enable
        0004    179.    rxd         equ     0x04        ; Port A Schnittstelle Eingang
        0005    180.    txd         equ     0x05        ; Port A Schnittstelle Ausgang
                181.
                182.    ;
                183.    ; Konstante für DIN-Meßbus:
                184.    ;
                185.
        00A3    186.    antwzeit    equ     0xa3        ; Antwortüberwachungszeit =
000000          187.                                    ; 163 x 256 x 0,5 us = 20,86 ms
000000          188.                                    ; bei Taktfrequenz = 8 MHz
                189.
        0005    190.    enq         equ     0x05        ; ENQ
```

```
dmb2    DIN-Meßbus-Teilnehmer V1.0      Page 4

Addr    Data    Line    Statement
---------------------------------------------------------------------------
        0010    191.    dle         equ     0x10        ; DLE
        0015    192.    nak         equ     0x15        ; NAK
        0001    193.    soh         equ     0x01        ; SOH
        0002    194.    stx         equ     0x02        ; STX
        0017    195.    etb         equ     0x17        ; ETB
        0003    196.    etx         equ     0x03        ; ETX
        0004    197.    eot         equ     0x04        ; EOT
                198.
        0001    199.    parerr      equ     0x01        ; Parity-Error
        0002    200.    ebereit     equ     0x02        ; empfangsbereit
        0003    201.    sbereit     equ     0x03        ; sendebereit
        0004    202.    zeit        equ     0x04        ; Zeitablauf
                203.
                204.    ;=============================================================
                205.    ;
                206.    ; Reset
                207.    ;
        0       208.            org     0x0000 ;
000000  C021 F  209.    reset   goto    start           ; Start Hauptprogramm
                210.
        8       211.            org     0x0008 ;
000008  0005    212.    ext_int retfie ; Externer Interrupt INT
                213.
        10      214.            org     0x0010 ;
                215.
000010  071B    216.    tim_int decf    antwort,f       ; Zähler Antwortüberwachung -1
000011  1F1A    217.            incfsz  uhr,f           ; Zeituhr
000012  0005    218.            retfie
000013  841C    219.            bsf     status,zeit     ; Zeit ist abgelaufen
000014  0005    220.            retfie
                221.
        18      222.            org     0x0018 ;
000018  0005    223.    rt_int  retfie ; RT-Interrupt
                224.
        20      225.            org     0x0020 ;
000020  0005    226.    per_int retfie ; Peripherie-Interrupt
                227.
                228.
                229.    ;=============================================================
                230.    ;
                231.    ; Initialisierung Hauptprogramm
                232.    ;
                233.
000021  8406    234.    start   bsf     cpusta,glintd   ; Alle Interrupts aus
000022  2907    235.            clrf    intsta          ;
                236.
000023  B800    237.            movlb   bank0           ; Registerbank 0 ein
000024  B080    238.            movlw   0x80            ;
000025  0110    239.            movwf   porta           ; Port B Pull-Ups ausschalten
000026  8713    240.            bsf     rcsta,spen      ; Schnittstelle auf Port A
000027  8C15    241.            bcf     txsta,sync      ; asynchroner Modus
000028  B019    242.            movlw   0x19
000029  0117    243.            movwf   spreg           ; Baudrate 9600 Baud
00002A  8E15    244.            bcf     txsta,tx89      ; 8 Bit senden
00002B  8E13    245.            bcf     rcsta,rc89      ; 8 Bit empfangen
00002C  8515    246.            bsf     txsta,txen      ; Sender ein
00002D  291C    247.            clrf    status
00002E  2911    248.            clrf    ddrb            ; alle Pins als Ausgang
                249.
00002F  B801    250.            movlb   bank1           ; Registerbank 1 ein
000030  2B10    251.            setf    ddrc            ; Port C als Eingang
000031  2B12    252.            setf    ddrd            ; Port D als Eingang
000032  B006    253.            movlw   0x06            ;
```

2.8 Elektrische Realisierung

```
dmb2    DIN-Meßbus-Teilnehmer V1.0       Page 5

 Addr   Data    Line   Statement
------------------------------------------------------------------
000033  0115    254.           movwf   porte       ;
000034  2914    255.           clrf    ddre        ; Port E als Ausgang
000035  2917    256.           clrf    pie         ; alle Peripherie-Interrupts aus
                257.
000036  B802    258.           movlb   bank2       ; Registerbank 2 ein
000037  2B14    259.           setf    pr1         ; Periode für Timer 1 = 256
                260.
000038  B803    261.           movlb   bank3       ; Registerbank 3 ein
000039  8417    262.           bsf     tcon2,pwm1on ; aktiviere PWM1
00003A  8517    263.           bsf     tcon2,pwm2on ; aktiviere PWM2
00003B  8D11    264.           bcf     pw2dcl,tm2pw2   ; beide Systeme auf Timer 1
00003C  8B16    265.           bcf     tcon1,t16_8 ; Timer 1 8 Bit
00003D  8816    266.           bcf     tcon1,tmr1c ; Timer 1 als Timer
00003E  8017    267.           bsf     tcon2,tmr1on ; Timer 1 läuft
00003F  B080    268.           movlw   0x80        ;
000040  0112    269.           movwf   pw1dch      ; PWM1 = 50%
000041  B030    270.           movlw   0x30        ;
000042  0113    271.           movwf   pw2dch      ; PWM2 = 25%
                272.
000043  B801    273.           movlb   bank1       ;
000044  2912    274.           clrf    ddrd        ;
000045  2913    275.           clrf    portd       ;
                276.
                277.   ;
                278.   ; RTCC-Interrupt definieren:
                279.   ;
                280.
000046  B010    281.           movlw   0x10        ; interner Takt, Teiler 256
000047  0105    282.           movwf   rtcsta      ; Timer starten
000048  8107    283.           bsf     intsta,rtcie ; RTCC-Interrupt zulassen
000049  8406    284.           bsf     cpusta,glintd ; Interrupt freigeben
                285.
                286.
                287.   ;=================================================================
                288.   ;
                289.   ; Hauptprogramm
                290.   ;
                291.
00004A  0000    292.           haupt   nop
00004B  0000    293.                   nop                 ; Anwenderprogramm
00004C  0000    294.                   nop
                295.
00004D  B801    296.           movlb   bank1       ;
00004E  9016    297.           btfss   pir,rbfl    ; Zeichen im Empfänger?
00004F  C04A R  298.           goto    haupt       ; nein
000050  E065 F  299.           call    receive     ; Zeichen holen
000051  311D    300.           cpfseq  eadr        ; Empfangsadresse?
000052  C05A F  301.           goto    haupt1      ; nein
000053  E063 F  302.           call    receive_wait ; auf nächstes Zeichen warten
000054  991C    303.           btfsc   status,parerr ; okay?
000055  C04A R  304.           goto    haupt       ; nein
000056  B205    305.           sublw   enq         ; ENQ?
000057  9204    306.           btfss   alusta,null ; ja
000058  C04A R  307.           goto    haupt       ; nein
000059  C0AD F  308.           goto    empfang     ; Empfangsprogramm
                309.
00005A  311E    310.   haupt1  cpfseq  sadr        ; Sendeadresse?
00005B  C04A R  311.           goto    haupt       ; nein
00005C  E063 F  312.           call    receive_wait ; auf nächstes Zeichen warten
00005D  991C    313.           btfsc   status,parerr ; okay?
00005E  C04A R  314.           goto    haupt       ; nein
00005F  B205    315.           sublw   enq         ; ENQ?
000060  9204    316.           btfss   alusta,null ; ja
```

```
dmb2    DIN-Meßbus-Teilnehmer V1.0      Page 6

Addr    Data    Line    Statement
------------------------------------------------------------------------
000061  C04A  R 317.              goto    haupt           ; nein
000062  C0E4  F 318.              goto    senden          ; Sendeprogramm
              319.
              320.
              321.
              322.
              323.    ;================================================================
              324.    ;
              325.    ; Unterprogramme
              326.    ;
              327.
000063  9016    328.    receive_wait btfss pir,rbfl       ; Zeichen im Empfänger?
000064  C063  R 329.              goto    receive_wait    ; nein, weiter warten
              330.
000065  B800    331.    receive     movlb  bank0           ;
000066  6A14    332.                movfp  rcreg,w         ; Zeichen laden
000067  0118    333.                movwf  hilf            ; retten
000068  2919    334.                clrf   hilf+1          ; Hilfsregister
000069  9818    335.                btfsc  hilf,0          ; Bit 0 testen
00006A  1519    336.                incf   hilf+1,f        ; Einsen zählen
00006B  9918    337.                btfsc  hilf,1          ; Bit 0 testen
00006C  1519    338.                incf   hilf+1,f        ; Einsen zählen
00006D  9A18    339.                btfsc  hilf,2          ; Bit 1 testen
00006E  1519    340.                incf   hilf+1,f        ; Einsen zählen
00006F  9B18    341.                btfsc  hilf,3          ; Bit 2 testen
000070  1519    342.                incf   hilf+1,f        ; Einsen zählen
000071  9C18    343.                btfsc  hilf,4          ; Bit 3 testen
000072  1519    344.                incf   hilf+1,f        ; Einsen zählen
000073  9D18    345.                btfsc  hilf,5          ; Bit 4 testen
000074  1519    346.                incf   hilf+1,f        ; Einsen zählen
000075  9E18    347.                btfsc  hilf,6          ; Bit 5 testen
000076  1519    348.                incf   hilf+1,f        ; Einsen zählen
000077  6A19    349.                movfp  hilf+1,w        ; Ergebnis laden
000078  B501    350.                andlw  0x01            ; nur Bit 0 behalten
000079  0119    351.                movwf  hilf+1          ; und retten
00007A  580A    352.                movpf  hilf,w          ; Originalzeichen
00007B  230A    353.                rlncf  w,f             ; Parity-Bit in Bit 0
00007C  B501    354.                andlw  0x01            ; den Rest wegwerfen
00007D  0519    355.                subwf  hilf+1,w        ; mit Prüfergebnis vergleichen
00007E  9004    356.                btfss  alusta,carry    ; gleich?
00007F  C083  F 357.                goto   receive1        ; nein, Fehler melden
000080  580A    358.                movpf  hilf,w          ; Originalzeichen lesen
000081  891C    359.                bcf    status,parerr   ; Parity ok
000082  0002    360.                return                 ; und fertig
000083  811C    361.    receive1    bsf    status,parerr   ; Parity-Fehler
000084  B600    362.                retlw  0x00            ; und fertig
              363.
000085  0118    364.    transmit    movwf  hilf            ; retten
000086  2919    365.                clrf   hilf+1          ; Hilfsregister
000087  9818    366.                btfsc  hilf,0          ; Bit 0 testen
000088  1519    367.                incf   hilf+1,f        ; Einsen zählen
000089  9918    368.                btfsc  hilf,1          ; Bit 0 testen
00008A  1519    369.                incf   hilf+1,f        ; Einsen zählen
00008B  9A18    370.                btfsc  hilf,2          ; Bit 1 testen
00008C  1519    371.                incf   hilf+1,f        ; Einsen zählen
00008D  9B18    372.                btfsc  hilf,3          ; Bit 2 testen
00008E  1519    373.                incf   hilf+1,f        ; Einsen zählen
00008F  9C18    374.                btfsc  hilf,4          ; Bit 3 testen
000090  1519    375.                incf   hilf+1,f        ; Einsen zählen
000091  9D18    376.                btfsc  hilf,5          ; Bit 4 testen
000092  1519    377.                incf   hilf+1,f        ; Einsen zählen
000093  9E18    378.                btfsc  hilf,6          ; Bit 5 testen
000094  1519    379.                incf   hilf+1,f        ; Einsen zählen
```

2.8 Elektrische Realisierung

```
dmb2    DIN-Meßbus-Teilnehmer V1.0       Page 7

Addr   Data   Line     Statement
--------------------------------------------------------------------------------
000095 6A19   380.              movfp   hilf+1,w      ; Ergebnis laden
000096 B501   381.              andlw   0x01          ; nur Bit 0 behalten
000097 210A   382.              rrncf   w,f           ; Parity-Bit in Bit 7
000098 0918   383.              iorwf   hilf,f        ; in Originalzeichen einbauen
000099 B801   384.              movlb   bank1         ;
               385.
00009A 9116   386.    transmit1 btfss   pir,tbmt      ; Buffer leer?
00009B C09A R 387.              goto    transmit1     ; warten
00009C B800   388.              movlb   bank0         ;
00009D 0116   389.              movwf   txreg         ; und ab damit
00009E 0002   390.              return
               391.
00009F B57F   392.    bcc_test  andlw   0x7f          ; Parity ausblenden
0000A0 0118   393.              movwf   hilf          ; retten
0000A1 2919   394.              clrf    hilf+1        ; löschen
0000A2 0701   395.              decf    fsr0,f        ; Zeiger auf letztes Zeichen
0000A3 0100   396.    bcc_test1 movwf   indirekt0     ;
0000A4 0D19   397.              xorwf   hilf+1,f      ; BCC bilden
0000A5 0701   398.              decf    fsr0,f        ; Zeiger auf nächstes Zeichen
0000A6 B07F   399.              movlw   buffer-1      ; Ende des Buffers
0000A7 3101   400.              cpfseq  fsr0          ; mit Zeiger vergleichen
0000A8 C0A3 R 401.              goto    bcc_test1     ; weiter
0000A9 B57F   402.              andlw   0x7f          ; nur 7 Bit vergleichen
0000AA 3118   403.              cpfseq  hilf          ; Originalzeichen
0000AB B600   404.              retlw   0x00          ; BCC-Fehler
0000AC B6FF   405.              retlw   0xff          ; alles klar
               406.
               407.
0000AD 9A1C   408.    empfang   btfsc   status,ebereit ; Status überprüfen
0000AE C0B4 F 409.              goto    empfang1      ; empfangsbereit
0000AF 6A1D   410.              movfp   eadr,w        ; nicht bereit,
0000B0 E085 R 411.              call    transmit      ; negative Quittung senden
0000B1 B015   412.              movlw   nak           ; NAK
0000B2 E085 R 413.              call    transmit      ;
0000B3 C04A R 414.              goto    haupt         ;
               415.
0000B4 6A1D   416.    empfang1  movfp   eadr,w        ; bereit,
0000B5 E085 R 417.              call    transmit      ; positive Quittung
0000B6 B010   418.              movlw   dle           ;
0000B7 E085 R 419.              call    transmit      ;
0000B8 B030   420.              movlw   0x30          ;
0000B9 E085 R 421.              call    transmit      ;
               422.
0000BA E063 R 423.    empfang2  call    receive_wait  ; auf nächstes Zeichen warten
0000BB 3104   424.              cpfseq  eot           ; EOT?
0000BC C0BE R 425.              goto    empfang3      ; nein
0000BD C04A R 426.              goto    haupt         ; Abbruch
0000BE 3105   427.    empfang3  cpfseq  enq           ; ENQ?
0000BF C0C3 F 428.              goto    empfang4      ; nein
0000C0 B015   429.              movlw   nak           ; negative Quittung
0000C1 E085 R 430.              call    transmit      ;
0000C2 C0BA R 431.              goto    empfang2      ; warten
0000C3 3102   432.    empfang4  cpfseq  stx           ; STX?
0000C4 C0BA R 433.              goto    empfang2      ; nein, weiter warten
0000C5 B880   434.              movlb   buffer        ; Startadresse Buffer
0000C6 0101   435.              movwf   fsr0          ; in Zeigerregister
               436.
0000C7 E063 R 437.    empfang5  call    receive_wait  ; auf Zeichen warten
0000C8 3104   438.              cpfseq  eot           ; EOT?
0000C9 C0CB F 439.              goto    empfang6      ; nein
0000CA C04A R 440.              goto    haupt         ; Abbruch
0000CB 3103   441.    empfang6  cpfseq  etx           ; ETX?
0000CC C0CE F 442.              goto    empfang7      ; nein
```

dmb2   DIN-Meßbus-Teilnehmer V1.0   Page 8

```
Addr    Data    Line    Statement
-------------------------------------------------------------------------------
0000CD  C0D1  F 443.                    goto    empfang8        ;
0000CE  0100    444.    empfang7        movwf   indirekt0       ; Zeichen in Buffer ablegen
0000CF  1501    445.                    incf    fsr0,f          ; Zeiger erhöhen
0000D0  C0C7  R 446.                    goto    empfang5        ; nächstes Zeichen
                447.
0000D1  E063  R 448.    empfang8        call    receive_wait    ; auf BCC warten
0000D2  E09F  R 449.                    call    bcc_test        ; und überprüfen
0000D3  330A    450.                    tstfsz  w               ; alles ok?
0000D4  C0D8  F 451.                    goto    empfang9        ; ja
0000D5  B015    452.                    movlw   nak             ; negative Quittung senden
0000D6  E085  R 453.                    call    transmit        ;
0000D7  C0BA  R 454.                    goto    empfang2        ; noch mal versuchen
0000D8  B010    455.    empfang9        movlw   dle             ; DLE, positive Quittung
0000D9  E085  R 456.                    call    transmit        ; senden
0000DA  B031    457.                    movlw   0x31            ;
0000DB  E085  R 458.                    call    transmit        ;
0000DC  E063  R 459.    empfang10       call    receive_wait    ; auf Bestätigung warten
0000DD  3105    460.                    cpfseq  enq             ; Aufforderung?
0000DE  C0E0  F 461.                    goto    empfang11       ; nein
0000DF  C0D8  R 462.                    goto    empfang9        ; ja, Quittung wiederholen
0000E0  3104    463.    empfang11       cpfseq  eot             ; EOT?
0000E1  C0DC  R 464.                    goto    empfang10       ; nein, weiter warten
0000E2  8A1C    465.                    bcf     status,ebereit  ; melden
0000E3  C04A  R 466.                    goto    haupt           ; das war's!
                467.
                468.
0000E4  9B1C    469.    senden          btfsc   status,sbereit  ; Status überprüfen
0000E5  C0EB  F 470.                    goto    senden1         ; sendebereit
0000E6  6A1E    471.                    movfp   sadr,w          ; nicht bereit,
0000E7  E085  R 472.                    call    transmit        ; negative Quittung senden
0000E8  B015    473.                    movlw   nak             ; NAK
0000E9  E085  R 474.                    call    transmit        ;
0000EA  C04A  R 475.                    goto    haupt           ;
                476.
0000EB  6A1E    477.    senden1         movfp   sadr,w          ; bereit,
0000EC  E085  R 478.                    call    transmit        ; positive Quittung
0000ED  B010    479.                    movlw   dle             ;
0000EE  E085  R 480.                    call    transmit        ;
0000EF  B030    481.                    movlw   0x30            ;
0000F0  E085  R 482.                    call    transmit        ;
0000F1  B003    483.                    movlw   0x03            ; 3 Versuche
0000F2  011B    484.                    movwf   antwort         ; Antwortzähler auf 3
0000F3  B080    485.    senden2         movlw   buffer          ; Startadresse Buffer
0000F4  0101    486.                    movwf   fsr0            ; Zeiger initialisieren
                487.
0000F5  9016    488.    senden3         btfss   pir,rbfl        ; Zeichen im Empfänger?
0000F6  C0FB  F 489.                    goto    senden4         ; nein
0000F7  E065  R 490.                    call    receive         ; Zeichen holen
0000F8  3104    491.                    cpfseq  eot             ; EOT?
0000F9  C0FB  F 492.                    goto    senden4         ; nein
0000FA  C04A  R 493.                    goto    haupt           ; Abbruch
0000FB  6A00    494.    senden4         movfp   indirekt0,w     ; Zeichen aus Buffer holen
0000FC  3103    495.                    cpfseq  etx             ; Ende Text?
0000FD  C0FF  F 496.                    goto    senden5         ; nein
0000FE  C102  F 497.                    goto    senden6         ; ja
0000FF  E085  R 498.    senden5         call    transmit        ; abschicken
000100  1501    499.                    incf    fsr0,f          ; Zeiger erhöhen
000101  C0F5  R 500.                    goto    senden3         ; nächstes Zeichen
000102  E085  R 501.    senden6         call    transmit        ; ETX senden
000103  6A20    502.                    movfp   bcc,w           ; BCC holen
000104  E085  R 503.                    call    transmit        ; und senden
000105  B003    504.                    movlw   0x03            ; maximal 3 Versuche
000106  011F    505.                    movwf   aufford         ; Aufforderungszähler = 3
```

2.8 Elektrische Realisierung

```
dmb2    DIN-Meßbus-Teilnehmer V1.0    Page 9

Addr    Data    Line   Statement
------------------------------------------------------------------------
000107  B0A3    506.   senden7   movlw  antwzeit       ; Antwortzeit laden
000108  011B    507.             movwf  antwort        ; Uhr starten
000109  8C1C    508.             bcf    status,zeit    ; Timer-IRQ setzt dieses Bit
                509.
00010A  9016    510.   senden8   btfss  pir,rbfl       ; Zeichen im Empfänger?
00010B  C117 F  511.             goto   senden11       ; nein
00010C  E065 R  512.             call   receive        ; Zeichen holen
00010D  3115    513.             cpfseq nak            ; NAK?
00010E  C114 F  514.             goto   senden10       ; nein
00010F  171B    515.             decfsz antwort,f      ; Antwortzähler - 1
000110  C0F3 R  516.             goto   senden2        ; nächster Versuch
000111  B004    517.   senden9   movlw  eot            ;
000112  E085 R  518.             call   transmit       ; Senderecht abgeben
000113  C04A R  519.             goto   haupt          ; das war's
000114  3104    520.   senden10  cpfseq eot            ; EOT?
000115  C117 F  521.             goto   senden11       ; nein
000116  C04A R  522.             goto   haupt          ; Abbruch
000117  3110    523.   senden11  cpfseq dle            ; DLE?
000118  C11E F  524.             goto   senden12       ; nein
000119  E063 R  525.             call   receive_wait   ;
00011A  3131    526.             cpfseq 0x31           ;
00011B  C111 R  527.             goto   senden9        ; Fehler
00011C  8B1C    528.             bcf    status,sbereit ; melden
00011D  C111 R  529.             goto   senden9        ;
                530.
00011E  941C    531.   senden12  btfss  status,zeit    ; Antwortzeit abgelaufen?
00011F  C10A R  532.             goto   senden8        ; nein
000120  171F    533.             decfsz aufford,f      ; Aufforderungszähler -1
000121  C123 F  534.             goto   senden13       ; nicht 0
000122  C111 R  535.             goto   senden9        ;
000123  B005    536.   senden13  movlw  enq            ; Aufforderung
000124  E085 R  537.             call   transmit       ; senden
000125  C107 R  538.             goto   senden7        ;
                539.
000126          540.             end
```

2.8.3.3 Microchip PIC16C71

Im Gegensatz zum zuvor vorgestellten PIC17C42 verfügt der PIC16C71 vom gleichen Hersteller über keine serielle Schnittstelle. Er ist ein gutes Beispiel dafür, wie man mit entsprechend hoher Rechenleistung die fehlende Hardware durchaus durch Software ersetzen kann. Das vorgestellte Sende- und Empfangsprogramm benötigt maximal 50 % der Rechenleistung der CPU, so daß für die eigentliche Anwendung noch genügend Rechenleistung zur Verfügung steht, immerhin noch 2 MIPS bei 16 MHz Oszillatorfrequenz!

Wie man aus Bild 2.29 ersehen kann, ist der PIC16C71 ideal für den Einsatz unter begrenzten Platzverhältnissen geeignet, wie sie bei der Entwicklung von intelligenten Sensoren auftreten. Er ist wahlweise im 18poligen DIL- oder SO-Gehäuse erhältlich. Die Pinbelegung ist für beide Gehäuse die gleiche.

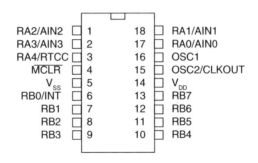

Bild 2.29 Anschlußbild PIC16C71

Der PIC16C71 stellt dem Entwickler folgende Funktionsblöcke zur Verfügung:

- 1 K EPROM
- 36 Byte RAM
- maximal 5 MIPS Verarbeitungsleistung bei 20 MHz
- 13 I/O-Leitungen, hohe Strombelastbarkeit 20 mA/Pin
- 15 Spezialregister
- Timersystem
- 4-Kanal-A/D-Wandler mit 8 Bit Auflösung
- 4 verschiedene Interruptquellen

Wie bereits gesagt, verfügt der PIC16C71 über keine serielle Schnittstelle. Aus diesem Grund muß eine solche Funktion mittels Software zur Verfügung gestellt werden. Hierzu wird der interne Timer des Mikroprozessors benutzt, der mit der doppelten Abtastrate die als Empfangsleitung benutzte Portleitung abtastet. Der Empfänger ist doppelt gepuffert, damit dem verarbeitenden Programm ausreichend Zeit bleibt. Ein Statusbyte dient zur Kommunikation zwischen Anwendung und Schnittstelle:

7	6	5	4	3	2	1	0
SA	STOP	START	PERR	BE	T	-	-

- SA: Sender aktiv. Dieses Bit ist während der Übertragung eines Zeichens High.

- STOP: Das Sendeprogramm setzt dieses Bit während der Übertragung des Stopbits.

- START: Stopbit erkannt. Das Empfangsprogramm setzt dieses Bit, wenn es den Anfang eines Zeichens erkannt hat.

2.8 Elektrische Realisierung

- PERR: Parity Error. Die Parity-Prüfung setzt dieses Bit im Fall eines Parity-Fehlers.

- BE: Byte empfangen. Zeigt ein empfangenes Zeichen im Buffer an.

- T: Transmit. Wenn das Anwenderprogramm dieses Bit setzt, wird der Inhalt des Sendebuffers übertragen.

Das folgende Programmlisting zeigt die einfache Implementation der seriellen Schnittstelle auf dem PIC16C71. Die Übertragungsrate wurde zu 9600 Baud gewählt.

```
16c5x/XX Cross-Assembler V4.00 Released        Sun Feb 14 15:56:28 1993
Page 1
Serielle Schnittstelle für PIC16C71

Line    PC      Opcode

0001                            list    p=16c71, c=132, r=hex
0002                    ;
0003                    ;
0004                    ;
0005                    ;       (C) 1993 by Michael Rose
0006                    ;
0007                    ;
0008
0009                    ;
0010                    ; Prozessor-Register
0011                    ;
0012
0013    0000            indirekt   equ     00
0014    0001            rtcc       equ     01
0015    0002            pc         equ     02
0016    0003            status     equ     03
0017    0004            fsr        equ     04
0018    0005            porta      equ     05
0019                                                    ;
0020                                                    ; PA0 -
0021                                                    ; PA1 -
0022                                                    ; PA2 -
0023                                                    ; PA3 -
0024                                                    ; PA4 -
0025    0006            portb      equ     06
0026                                                    ;
0027                                                    ; PB0 - Eingang RxD
0028                                                    ; PB1 - Ausgang TxD
0029                                                    ; PB2 - Ausgang Control
0030                                                    ; PB3 -
0031                                                    ; PB4 -
0032                                                    ; PB5 -
0033                                                    ; PB6 -
0034                                                    ; PB7 -
0035    0008            adcon0     equ     08
0036    0009            adres      equ     09
0037    000A            pclath     equ     0a
0038    000B            intcon     equ     0b
0039    0001            optionreg  equ     01
0040    0005            trisa      equ     05
0041    0006            trisb      equ     06
0042    0008            adcon1     equ     08
0043
```

```
16c5x/XX Cross-Assembler V4.00 Released          Sun Feb 14 15:56:28 1993
Page 2

Line   PC      Opcode

0044
0045
0046                    ;
0047                    ; Variable
0048                    ;
0049
0050   000C             hilf      equ     0c              ; Hilfsregister   2 Byte
0051   000E             timer     equ     0e              ; Timer-Register  1 Byte
0052   000F             syssta    equ     0f              ; System-Status   1 Byte
0053
0054                    ; Bit 0: Synchronisation 52 us
0055                    ; Bit 1: Ereignissynchronisation
0056                    ; Bit 2: Sendung angefordert
0057                    ; Bit 3: Byte empfangen
0058                    ; Bit 4: Parity-Error
0059                    ; Bit 5: Startbit
0060                    ; Bit 6: Stopbit
0061                    ; Bit 7: Sender aktiv
0062
0063   0010             parity    equ     10              ; Zähler für Parity-Prüfung
0064   0011             ebitcount equ     11              ; Bitzähler für Empfänger
0065   0012             sbitcount equ     12              ; Bitzähler für Sender
0066   0013             ebuf      equ     13              ; Buffer für empf. Zeichen
0067   0015             sbuf      equ     15              ; Buffer für Sender
0068   0016             areg      equ     16              ; Akku retten bei IRQ
0069   0017             sreg      equ     17              ; Status retten bei IRQ
0070   0018             bytecount equ     18              ; Zähler für Datenübertragung
0071
0072
0073   0020             buffer    equ     20              ; Sende- und Empfangsbuffer
0074
0075   002F             ramend    equ     2f
0076
0077
0078
0079                    ;
0080                    ; Konstante
0081                    ;
0082
0083   0000             carry     equ     0
0084   0002             null      equ     2
0085   0006             dp        equ     6
0086   0005             p0        equ     5
0087   0000             pcfg0     equ     0
0088   0001             pcfg1     equ     1
0089   0000             adon      equ     0
0090   0001             adif      equ     1
0091   0002             eoc       equ     2
0092   0003             chs0      equ     3
0093   0004             chs1      equ     4
0094   0006             adcs0     equ     6
0095   0007             adcs1     equ     7
0096   0001             intf      equ     1
0097   0002             rtif      equ     2
0098   0004             inte      equ     4
0099   0005             rtie      equ     5
0100   0007             gie       equ     7
0101
0102   0000             rxd       equ     0
0103   0001             txd       equ     1
0104   0002             control   equ     2
0105   0000             sync      equ     0
```

2.8 Elektrische Realisierung   123

```
16c5x/XX Cross-Assembler V4.00 Released        Sun Feb 14 15:56:28 1993
Page 3

Line   PC     Opcode
0106   0002            sbyte     equ    2
0107   0003            ebyte     equ    3
0108   0004            par_err   equ    4
0109   0005            startb    equ    5
0110   0006            stopb     equ    6
0111   0007            s_aktiv   equ    7
0112
0113                   ;
0114                   ; Konstante für Busprotokoll:
0115                   ;
0116
0117   0005            enq       equ    0x05
0118   0010            dle       equ    0x10
0119   0015            nak       equ    0x15
0120   0001            soh       equ    0x01
0121   0002            stx       equ    0x02
0122   0017            etb       equ    0x17
0123   0003            etx       equ    0x03
0124   0004            eot       equ    0x04
0125
0126
0127                   ; ============== Hauptprogramm
0128
0129                   ;
0130                   ; Reset-Vector
0131                   ;
0132
0133   0000   284A     reset     goto   start       ;
0134   0001   284A               goto   start
0135   0002   284A               goto   start
0136   0003   284A               goto   start
0137
0138   0004   0096     timint    movwf  areg        ; Akku retten
0139   0005   0803               movfw  status      ; Status laden
0140   0006   0097               movwf  sreg        ; und retten
0141   0007   30D2               movlw  0xd2        ; Zeitkonstante für 52 us
                                                    ; Abtastung
0142   0008   0081               movwf  rtcc        ; Uhr starten
0143   0009   140F               bsf    syssta,sync ; Synchronisationsbit setzen
0144   000A   0A8E               incf   timer,f     ; Uhr zählen
0145   000B   1A8F     timint_0  btfsc  syssta,startb ; Startbit bereits erkannt ?
0146   000C   2814               goto   timint_1    ; ja
0147   000D   1806               btfsc  portb,rxd   ; Datenleitung abtasten
0148   000E   281E               goto   timint_2    ; kein Startbit
0149
0150                   ;
0151                   ; Startbit erkannt:
0152                   ;
0153
0154   000F   168F               bsf    syssta,startb ; Startbit markieren
0155   0010   3010               movlw  0x10        ; 8 Bits zählen
0156   0011   0091               movwf  ebitcount   ; Bitzähler setzen
0157   0012   0193               clrf   ebuf        ; Buffer löschen
0158   0013   281E               goto   timint_2    ; fertig, zum Sender gehen
0159
0160                   ;
0161                   ; Datenbit empfangen:
0162                   ;
0163
0164   0014   0391     timint_1  decf   ebitcount,f ; Zähler erhöhen
0165   0015   1811               btfsc  ebitcount,0 ; nur bei jedem zweiten Zyklus
0166   0016   281E               goto   timint_2    ; zum Sender gehen
0167   0017   1B91               btfsc  ebitcount,7 ; bereits beim Stopbit?
```

```
16c5x/XX Cross-Assembler V4.00 Released          Sun Feb 14 15:56:28 1993
Page 4

Line   PC     Opcode

0168   0018   2845                  goto   timint_7       ; ja, Stopbit melden
0169   0019   1506                  bsf    portb,2
0170   001A   1003                  bcf    status,carry   ; Carry löschen
0171   001B   0C93                  rrf    ebuf,f         ; Buffer rechts schieben
0172   001C   1806                  btfsc  portb,rxd      ; Datenleitung abtasten
0173   001D   1793                  bsf    ebuf,7         ; Bit eintragen
0174                         ;
0175                         ;
0176
0177                         ;
0178                         ; Daten Senden:
0179                         ;
0180
0181
0182   001E   1B0F   timint_2       btfsc  syssta,stopb   ; Stopbit angefordert?
0183   001F   283D                  goto   timint_6       ; ja
0184   0020   1B8F                  btfsc  syssta,s_aktiv ; Sendung aktiv?
0185   0021   282D                  goto   timint_3       ; ja
0186
0187   0022   1D0F                  btfss  syssta,sbyte   ; Neue Sendung angefordert?
0188   0023   2839                  goto   timint_end     ; nein, fertig
0189   0024   0392                  decf   sbitcount,f    ; zählen
0190   0025   1812                  btfsc  sbitcount,0    ; Stopbit vom letzten Byte
0191   0026   2839                  goto   timint_end     ; abwarten
0192                         ;
0193                         ;
0194
0195                         ;
0196                         ; Neue Sendung starten:
0197                         ;
0198
0199   0027   178F                  bsf    syssta,s_aktiv ; melden
0200   0028   300E                  movlw  0x0e           ; 8 Bits zählen
0201   0029   0092                  movwf  sbitcount      ; Bitzähler setzen
0202   002A   1086                  bcf    portb,txd      ; Startbit ausgeben
0203   002B   1186                  bcf    portb,3
0204   002C   2839                  goto   timint_end     ; fertig
0205                         ;
0206                         ;
0207                         ;
0208                         ; Datenbit senden:
0209                         ;
0210
0211   002D   0392   timint_3       decf   sbitcount,f    ; zählen
0212   002E   1812                  btfsc  sbitcount,0    ; nur bei jedem zweiten Zyklus
0213   002F   2839                  goto   timint_end     ; fertig
0214   0030   1C15                  btfss  sbuf,0         ; Bit testen
0215   0031   2834                  goto   timint_4       ; Bit ist Low
0216   0032   1486                  bsf    portb,txd      ; High ausgeben
0217   0033   2835                  goto   timint_5       ;
0218   0034   1086   timint_4       bcf    portb,txd      ; Low ausgeben
0219   0035   0C95   timint_5       rrf    sbuf,f         ; Buffer rechts schieben
0220   0036   1F92                  btfss  sbitcount,7    ; Byte komplett?
0221   0037   2839                  goto   timint_end     ; nein, fertig
0222   0038   170F                  bsf    syssta,stopb   ; Stopbit anfordern
0223
0224   0039   0817   timint_end     movfw  sreg           ; alten Status
0225   003A   0083                  movwf  status         ; zurückladen
0226   003B   0816                  movfw  areg           ; Akku zurück
0227   003C   0009                  retfie                ; und zurück
0228                         ;
0229                         ;
```

2.8 Elektrische Realisierung

```
16c5x/XX Cross-Assembler V4.00 Released        Sun Feb 14 15:56:28 1993
Page 5

Line   PC    Opcode

0230
0231                    ;
0232                    ; Stopbit ausgeben:
0233                    ;
0234
0235   003D  0392  timint_6  decf   sbitcount,f    ; Zähler erhöhen
0236   003E  1812            btfsc  sbitcount,0    ; nur beim zweiten Mal
0237   003F  2839            goto   timint_end     ; fertig
0238   0040  1486            bsf    portb,txd      ; Stopbit ausgeben
0239   0041  130F            bcf    syssta,stopb   ; Anforderung löschen
0240   0042  138F            bcf    syssta,s_aktiv ; Sender ist fertig
0241   0043  110F            bcf    syssta,sbyte   ; Anforderung löschen
0242   0044  2839            goto   timint_end     ; das war's
0243
0244                    ;
0245                    ; Empfänger-Stopbit verarbeiten:
0246                    ;
0247
0248   0045  0813  timint_7  movfw  ebuf           ; Byte lesen
0249   0046  0094            movwf  ebuf+1         ; und kopieren
0250   0047  158F            bsf    syssta,ebyte   ; melden
0251   0048  128F            bcf    syssta,startb  ; fertig für nächstes Byte
0252   0049  281E            goto   timint_2       ; zum Sender gehen
0253
0254
0255                    ;=================================================
0256                    ;
0257                    ; Programmstart
0258                    ;
0259
0260   004A  1683  start     bsf    status,p0      ; Seite 1 aktivieren
0261   004B  3008            movlw  0x08
0262   004C  0081            movwf  optionreg      ; Watchdog aus, Uhr ein 1uS Takt
0263   004D  1283            bcf    status,p0      ; Seite 0
0264   004E  3000            movlw  0
0265   004F  0085            movwf  porta
0266   0050  3000            movlw  0
0267   0051  0086            movwf  portb
0268   0052  1683            bsf    status,p0      ; Seite 1
0269   0053  1008            bcf    adcon1,pcfg0   ;
0270   0054  1488            bsf    adcon1,pcfg1   ; Port A 0+1 Analogeingänge
0271   0055  3003            movlw  03
0272   0056  0085            movwf  trisa          ; Port A ist I/O
0273   0057  30F9            movlw  0xf9
0274   0058  0086            movwf  trisb          ; Port B ist I/O
0275
0276   0059  1283            bcf    status,p0      ; Seite 0
0277   005A  1408            bsf    adcon0,adon    ; A/D-Wandler einschalten
0278   005B  1708            bsf    adcon0,adcs0   ;
0279   005C  1788            bsf    adcon0,adcs1   ; RC-Oszillator als Taktquelle
0280
0281   005D  018E            clrf   timer          ;
0282   005E  018B            clrf   intcon         ; alle Interrupts aus
0283
0284   005F  018A            clrf   pclath         ;
0285
0286                    ;
0287                    ; Hauptprogramm
0288                    ;
0289
0290   0060  0000  haupt     nop
0291   0061  0000            nop                   ; Anwenderprogramm steht hier!
```

```
16c5x/XX Cross-Assembler V4.00 Released        Sun Feb 14 15:56:28 1993
Page 6

Line   PC    Opcode

0292   0062  0000               nop
0293
0294                        ;
0295                        ; Das nachfolgende Beispiel gibt jedes Zeichen, das über die
0296                        ; Schnittstelle empfangen wird, als Echo über die Sendeleitung
0297                        ; zurück.
0298
0299   0063  1D8F             btfss  syssta,ebyte ; Zeichen empfangen?
0300   0064  2860             goto   haupt        ; nein
0301   0065  190F             btfsc  syssta,sbyte ; Sender frei?
0302   0066  2860             goto   haupt        ; nein
0303   0067  0814             movfw  ebuf+1       ; Zeichen holen
0304   0068  0082             movwf  sbyte        ; in Sendebuffer kopieren
0305   0069  118F             bcf    syssta,ebyte ; scharf für nächstes Byte
0306   006A  150F             bsf    syssta,sbyte ; Sendung anfordern
0307   006B  2860             goto   haupt        ; Das war's
0308
0309   0000                                end
```

2.8.3.4 Mitsubishi M37450M

Ein Mikroprozessor des Herstellers Mitsubishi schließt die Reihe an Single-Chip-Mikroprozessoren für den DIN-Meßbus ab. Der M37450M basiert auf dem Prozessorkern der 6502-CPU, erweitert um einige sinnvolle Befehle zur Einzelbitverarbeitung. Es gibt von Mitsubishi eine ganze Reihe solcher Mikroprozessoren, die sich hervorragend für den Einsatz in elektronischen Geräten eignen.

Ein hervorstechendes Merkmal dieser Bausteine ist die hohe Anzahl an I/O-Leitungen und Spezialfunktionen. Der M37450M verfügt über:

- 8 K EPROM
- 256 Byte RAM
- 48 I/O-Leitungen
- 8 Input-Leitungen
- 2 Output-Leitungen
- 15 Interruptquellen
- 3 16-bit-Timer
- 1 8-bit-Timer
- serielle Schnittstelle, synchron und asynchron
- 8-Kanal-A/D-Wandler
- 2-Kanal-D/A-Wandler
- 16-bit-PWM-Ausgang

2.8 Elektrische Realisierung

Der Mikroprozessor ist in zwei verschiedenen Gehäusen erhältlich, einem 80 poligen QFP (Quad Flat Pack) und einem 64 poligen DIL, in dem wegen der geringeren Pinanzahl nur drei der acht Analogeingänge zur Verfügung stehen. Die Pinbelegung des DIL-Gehäuses zeigt Bild 2.30.

Für den Einsatz zusammen mit dem DIN-Meßbus ist wieder das serielle Interface besonders interessant. Es besteht beim M37450M aus insgesamt fünf Registern: Receive/ Transmit Buffer, Serial I/O Status, Serial I/O Control, UART Control und Baudrate Generator.

Receive und Transmit Buffer sind unter der gleichen Adresse erreichbar. Ein Schreibbefehl schreibt in den Transmit Buffer, ein Lesebefehl liest aus dem Receive Buffer. Beide Register sind doppelt gepuffert.

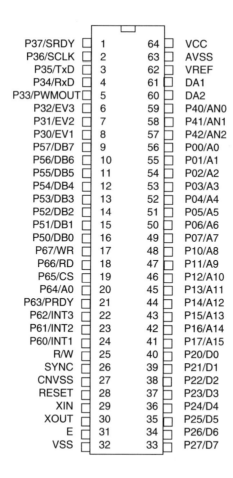

Bild 2.30 Der Mikroprozessor M37450M im 64 poligen Dual-In-Line-Gehäuse

Das UART Control Register legt den Zeichenaufbau fest:

7	6	5	4	3	2	1	0
-	-	-	-	STOP	P1	P0	WS

- STOP: Anzahl der Stopbits. 0 = 1 Stopbit, 1 = 2 Stopbits.
- P1, P0: Definition der Parity-Funktion.

P1	P0	Parity
X	0	keine Parity-Funktion
0	1	gerade Parität
1	1	ungerade Parität

- WS: Word Select bestimmt die Zeichenlänge. 0 = 7 Bit und 1 = 8 Bit.

Zur Festlegung der gewünschten Betriebsart wird das Serial I/O Control Register benutzt.

7	6	5	4	3	2	1	0
SEN	MODE	REN	TEN	TI	SRDY	CS	BRG

- SEN: Serial I/O Enable. Eine 1 aktiviert das gesamte serielle System.
- MODE: Eine 0 wählt die asynchrone, eine 1 die synchrone Betriebsart der Schnittstelle aus.
- REN: Receiver Enable. Eine 1 aktiviert den Empfänger.
- TEN: Transmitter Enable. Eine 1 aktiviert den Sender.
- TI: Auswahl der Signalquelle für den Transmit Interrupt. Eine 0 generiert einen Interrupt, wenn das Register Transmit Buffer leer ist. Eine 1 generiert einen Interrupt, wenn das letzte Zeichen gerade aus dem Transmit Buffer herausgeschoben wird.

2.8 Elektrische Realisierung

- SRDY: Aktiviert die Handshake-Funktion des SRDY-Ausgangs bei synchroner Betriebsart.
- CS: Clock Selection. Eine 1 aktiviert den externen Takteingang, eine 0 den Ausgang des internen Baudrate-Generators. Dabei wird dieses Signal bei synchroner Betriebsart durch vier, bei asynchroner Betriebsart hingegen durch sechzehn geteilt.
- BRG: Taktquelle für den Baudrate-Generator. Die Taktfrequenz des Mikroprozessors wird geteilt durch 2, wenn dieses Bit 0 ist und durch 8, wenn dieses Bit 1 ist.

Für eine Quarzfrequenz von 10,0 MHz ergeben sich für die üblichen Standard-Baudraten folgende zu programmierende Werte für das BRG-Bit und den Baudrate-Generator:

BRG-Bit	Baudrate-Generator	Baudrate
1	$FF	300
1	$81	600
1	$41	1200
1	$20	2400
0	$56	3600
0	$41	4800
0	$2B	7200
0	$20	9600
0	$10	19200

Wenn niedrigere Baudraten als 300 Baud gewünscht werden, so muß eine geringere Taktfrequenz oder ein externer Baudrate-Generator benutzt werden.

Zur Kontrolle der seriellen Schnittstelle ist das Serial I/O Status Register vorgesehen. In ihm sind sämtliche Status- und Fehlermeldungen zusammengefaßt.

7	6	5	4	3	2	1	0
-	SE	FE	PE	OE	TSRC	RBF	TBE

- SE: Summing Error. Dieses Bit ist immer dann High, wenn mindestens eines der folgenden drei Fehlerbits gesetzt ist. Es kann als eine schnelle Fehlerabfrage benutzt werden.

- FE: Framing Error. Kein Stopbit beim letzten empfangenen Zeichen.

- PE: Parity Error.

- OE: Overrun Error.

- TSRC: Transmit Shift Register Completion Flag. Dieses Bit wird 0, wenn das Zeichen aus dem Transmit Buffer Register in das Schieberegister übertragen wird.

- RBF: Receive Buffer Full. Dieses Bit wird gesetzt, wenn ein Zeichen in das Receive Buffer Register übertragen wird.

- TBE: Transmit Buffer Empty. Dieses Bit zeigt ein leeres Transmit Buffer Register an.

Ein Programmbeispiel für dem M37450M erübrigt sich, es kann das gleiche Programm benutzt werden, wie es in 2.8.2.2 für die Kombination Mikroprozessor G65SC02 und ACIA G65SC51 vorgestellt wurde. Es müssen nur die entsprechenden Adressen und Namen der Register angepaßt werden.

2.9 Bausteine mit DIN-Meßbus-Schnittstelle

Es gibt zum jetzigen Zeitpunkt keinen industriell hergestellten DIN-Meßbus-Controller auf dem Halbleitermarkt. Dies liegt vor allen Dingen daran, daß das DIN-Meßbus-Protokoll in den meisten Fällen als Software auf dem bereits im Gerät vorhandenen Mikroprozessor implementiert werden kann. Trotzdem gibt es Bestrebungen, einen DIN-Meßbus-Controller in der Form eines ASIC zu entwickeln und zu vertreiben, nähere Informationen hierzu sind bei der Anwendervereinigung DIN-Meßbus e.V. zu bekommen, die diese Aktivitäten koordiniert.

Es gibt allerdings einen zweiten Weg, die Funktionalität des DIN-Meßbus für Applikationen zur Verfügung zu stellen, die noch nicht über einen Mikroprozessor verfügen. Dieser Weg besteht aus vorprogrammierten Single-Chip-Mikroprozessoren, die das gesamte Busprotokoll abwickeln, und dem Anwender, der über keine Mikroprozessorkenntnisse verfügen muß, standardisierte I/O-Signale zur Verfügung stellen. Solche Bausteine sind nicht von den großen Halbleiterherstellern erhältlich, sondern von verschiedenen kleineren Firmen, die sich mit dem Thema DIN-Meßbus befassen. Die Bezugsadressen für diese Bausteine befinden sich am Schluß des Buches.

2.9.1 12-bit-Digitalinterface DMB16551

Der Baustein DMB16551 stellt dem Anwender insgesamt 12 frei programmierbare I/O-Leitungen zur Verfügung (Bild 2.31). Die gewünschte Konfiguration von Ein- und Ausgängen ist über den DIN-Meßbus frei parametrierbar. Die Pinfunktionen des Bausteins sind:

Pin	Name	Funktion
1	VDD	Versorgung +5V
2	VDD	Versorgung +5V
3	NC	nicht benutzt
4	VSS	Versorgung Masse
5	NC	nicht benutzt
6	IO8	I/O-Leitung IO8
7	IO9	I/O-Leitung IO9
8	IO10	I/O-Leitung IO10
9	IO11	I/O-Leitung IO11
10	IO0	I/O-Leitung IO0
11	IO1	I/O-Leitung IO1
12	IO2	I/O-Leitung IO2
13	IO3	I/O-Leitung IO3
14	IO4	I/O-Leitung IO4
15	IO5	I/O-Leitung IO5
16	IO6	I/O-Leitung IO6
17	IO7	I/O-Leitung IO7
18	GA0	Eingang Geräteadresse 0
19	GA1	Eingang Geräteadresse 1
20	GA2	Eingang Geräteadresse 2
21	GA3	Eingang Geräteadresse 3
22	GA4	Eingang Geräteadresse 4
23	RxD	Eingang Empfänger
24	TxD	Ausgang Sender
25	TEN	Ausgang Transmitter Enable
26	XOUT	Ausgang Oszillator
27	XIN	Eingang Oszillator
28	/RES	Reset

Der DMB16551 ist intern fest auf eine Übertragungsrate von 9600 Baud bei einer Quarzfrequenz von 4 MHz eingestellt. Für abweichende Übertragungsraten kann entweder ein entsprechender Quarz benutzt werden, maximal 16 MHz für 38400 Baud, oder ein externer Oszillator mit Frequenzteiler (Bild 2.32). In diesem Fall wird XIN als Eingang benutzt, XOUT bleibt unbeschaltet.

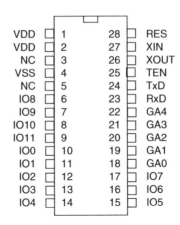

Bild 2.31 Digitalinterface DMB16551

Der Reset-Eingang kann direkt mit der positiven Versorgungsspannung verbunden werden, der Baustein verfügt über einen internen Power-On-Reset. Nur in den Fällen, wo ein extrem langsamer Anstieg der Versorgungsspannung beim Einschalten des Gerätes zu erwarten ist, muß ein externes Reset-Signal benutzt werden.

Zur Festlegung der gewünschten I/O-Struktur muß dem DMB16551 folgende Nachricht geschickt werden:

STX   'C'   IO6-11   IO0-5   ETX

Die beiden Zeichen IO6-11 und IO0-5 beinhalten je sechs Bits, mit denen die gewünschte Datenrichtung der entsprechenden Pins festgelegt wird: eine 1 erzeugt einen Ausgang, eine 0 erzeugt einen Eingang. Die Steuerzeichen haben das Bit 6 immer gesetzt, damit werden unerlaubte Kombinationen ausgeschlossen.

7	6	5	4	3	2	1	0
PAR	1	IO11	IO10	IO9	IO8	IO7	IO6

7	6	5	4	3	2	1	0
PAR	1	IO5	IO4	IO3	IO2	IO1	IO0

Nach einem Reset des Bausteins sind alle 12 Leitungen als Eingang geschaltet. Alle Ausgänge werden gleichzeitig intern auf 0 gesetzt. Damit erscheint nach der Konfiguration

2.9 Bausteine mit DIN-Meßbus-Schnittstelle

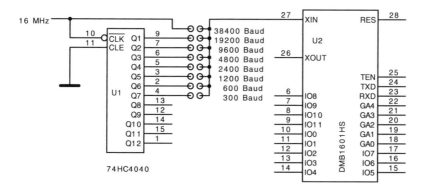

Bild 2.32 DMB16551 mit externem Frequenzteiler zur Einstellung der Baudrate

an allen als Ausgang definierten Pins ein Low-Signal. Wenn dieses Verhalten in einer Applikation unerwünscht ist, so muß dem Baustein bereits vor der Konfigurationsnachricht das gewünschte Ausgangsmuster für alle Pins mit einem Schreibkommando übermittelt werden. Die mit diesem Schreibkommando übertragenen Daten überschreiben intern den Ursprungszustand und werden dann sofort nach der Konfigurationsmeldung an den Pins wirksam.

Das Schreibkommando besitzt den gleichen grundsätzlichen Aufbau:

STX   'W'   IO6-11   IO0-5   ETX

Alle Bits IO0...IO11 werden auf die entsprechenden Ausgänge übertragen, vorausgesetzt, die entsprechenden Pins wurden zuvor als Ausgang definiert. Bei Pins, die als Eingang definiert sind, wird die Information innerhalb des Bausteins gespeichert.

Auf einen Sendeaufruf liefert der DMB16551 immer den aktuellen Status aller 12 I/O-Leitungen im gleichen Format, wie zuvor beschrieben, zurück. Diese Nachricht umfaßt daher nur zwei Zeichen. Da die Statusmeldung alle 12 I/O-Pins abfragt, wird auch der Status aller als Ausgang genutzten Leitungen mit übertragen, so daß eine einfache Kontrolle dieser Signale möglich ist.

STX   IO6-11   IO5-0   ETX

Mit dem DMB16551 können solche Applikationen an den DIN-Meßbus angepaßt werden, bei denen die Information aus statischen Digitalsignalen besteht. Es ist beispielsweise sehr einfach, mit diesem Baustein die Signale von Näherungsschaltern oder anderen digitalen Signalgebern zusammenzufassen und an den Leitrechner zu übertragen. Wenn man auch grundsätzlich sagt, daß der DIN-Meßbus nicht für die unterste Sensor-/Aktorebene vorgesehen ist, so kann es doch trotzdem vorkommen, daß in einem komplexen Meßaufbau einige primitive Sensoren mit abgefragt oder Aktoren, wie zum Beispiel Magnetventile, angesteuert werden müssen. Der Einsatz dieses Bausteins bietet dann eine elegante Lösung für dieses Problem. Bild 2.33 zeigt eine komplette Schaltung für ein digitales I/O-Modul mit je 6 Ein- und Ausgängen, das zur Verarbeitung von industriellen 24 V-Signalen ausgelegt ist.

In diesem Fall wurde bewußt auf die Möglichkeit verzichtet, die Baudrate abweichend von 9600 Baud einstellen zu können. Dafür zeigt Bild 2.33 die externe Beschaltung des kompletten Oszillatorkreises, die außer dem Quarz nur nur noch aus zwei Keramik-Kondensatoren besteht.

Die Geräteadresse wird mit dem Codierschalter S1 eingestellt, fünf Pull-Up-Widerstände sorgen bei geöffneten Schaltern für einen eindeutigen High-Pegel. Die drei Leitungen Rxd, Txd und TEN (Transmitter Enable) stellen die benötigten Schnittstellensignale zur Verfügung, die Anschaltung kann nach Bild 2.3 durchgeführt werden.

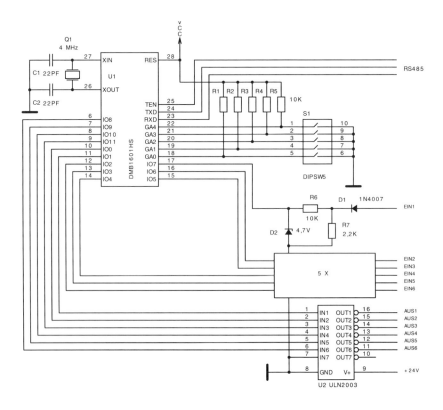

Bild 2.33 Einfaches Interface für 24 V Signalquellen und Aktoren

2.9.2 4-Kanal-Analoginterface DMB16711

Es gibt Unmengen an Geräten und Sensoren, die mit analogen Schnittstellen ausgerüstet sind. Dabei herrschen Spannungsschnittstellen mit 0...10 V und Stromschnittstellen mit 4...20 mA vor. Um solche Geräte nachträglich mit einer DIN-Meßbus-Schnittstelle auszurüsten, kann der Baustein DMB16711 benutzt werden. Er stellt vier analoge Kanäle mit einer Auflösung von jeweils 8 bit zur Verfügung. Bild 2.34 zeigt die Pinbelegung, die einzelnen Funktionen sind:

Pin	Name	Funktion
1	AIN0	Analogeingang Kanal 2
2	AIN1	Analogeingang Kanal 3
3	BUSY/EOC	Ausgang A/D-Wandler-Status
4	/RES	Eingang Reset
5	VSS	Versorgung Masse
6	GA0	Eingang Geräteadresse 0
7	GA1	Eingang Geräteadresse 1
8	GA2	Eingang Geräteadresse 2
9	GA3	Eingang Geräteadresse 3
10	GA4	Eingang Geräteadresse 4
11	RxD	Eingang Empfänger
12	TxD	Ausgang Sender
13	TEN	Ausgang Transmitter Enable
14	VDD	Versorgung +5 V
15	XOUT	Ausgang Oszillator
16	XIN	Eingang Oszillator
17	AIN2	Analogeingang Kanal 3
18	AIN3	Analogeingang Kanal 4

Die externe Beschaltung des DMB16711 ist nicht besonders aufwendig, wie aus Bild 2.35 zu ersehen ist. Der Oszillatorkreis mit einem 4 MHz-Quarz legt die Übertragungsrate auf 9600 Baud fest, für abweichende Baudraten gilt die gleiche Schaltung wie in 2.9.1 beschrieben.

Im Gegensatz zum zuvor dargestellten DMB16551 besitzt der Analogbaustein integrierte Pull-Up-Widerstände an den Eingängen GA0...GA4, so daß nur der externe Codierschalter benötigt wird, um die Geräteadresse zu definieren.

Der A/D-Wandler des DMB16711 kann Spannungen von 0...+5 V verarbeiten, so daß mit einem einfachen Spannungsteiler pro Eingang vier Normsignale 0...10 V erfaßt werden können. Die Impedanz der Signalquellen darf einen Wert von 10 KΩ nicht überschreiten.

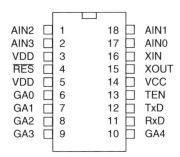

Bild 2.34 Analoginterface DMB16711

Der DMB16711 unterstützt zwei verschiedene Betriebsarten, die über ein Parametrierungskommando ausgewählt werden können. Die grundsätzliche Wandlungszeit des A/D-Wandlers wird dadurch nicht berührt, sie beträgt maximal 100 µs pro Kanal, unabhängig von der Oszillatorfrequenz.

Direkte Messung bei Aufruf:

Diese Betriebsart ist nach jedem Reset des Bausteins ausgewählt. Direkt mit einem Sendeaufruf der Leitstation wird die A/D-Wandlung aller vier Kanäle gestartet. Der Baustein benötigt nur etwa 0,5 ms, um alle Kanäle zu messen und die Nachricht zu formulieren. Diese Zeitspanne ist kurz genug, so daß der gesamte Vorgang abgeschlossen ist, während der Leitstation die positive Quittung <SADR> DLE 30 übermittelt wird. Um den Baustein zu einem späteren Zeitpunkt auf diese Betriebsart zu konfigurieren, muß ihm die Leitstation folgende Nachricht senden:

    STX 'D' ETX

Zyklische Abtastung mit Mittelwertbildung:

Zur Unterdrückung von Störsignalen auf den Meßeingängen besitzt der DMB16711 die Möglichkeit, die Meßwerte laufend zu erfassen und eine Mittelwertbildung vorzunehmen. Dabei wird die kürzeste Zykluszeit, innerhalb der alle Kanäle erfaßt werden, aus der Baudrate abgeleitet. Sie beträgt

$$f_{Abtast} = \frac{BAUDRATE}{10}$$

Bei 9600 Baud können also alle vier Kanäle 960 mal pro Sekunde gemessen werden. Diese Meßrate kann aber durch Angabe eines Teilerfaktors reduziert werden, der im Bereich von 0...65536 liegen darf.

2.9 Bausteine mit DIN-Meßbus-Schnittstelle

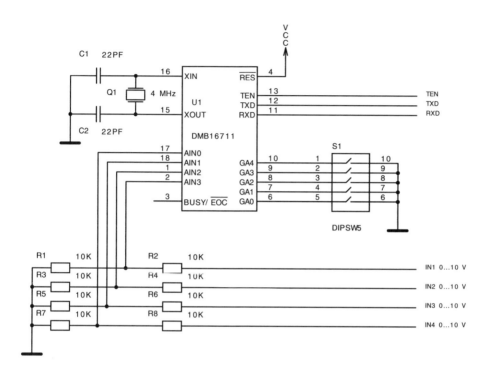

Bild 2.35 Umsetzung von 0...10 V auf DIN-Meßbus

Die Mittelwertbildung wird nach folgender Formel durchgeführt:

$$\text{Mittelwert} = \text{alter Mittelwert} \cdot \frac{2^{n-1}}{2^n} + \text{Meßwert} \cdot \frac{1}{2^n}$$

n bezeichnet hierbei einen parametrierbaren Faktor, der zwischen 0 und 7 liegen darf. Die gesamte Nachricht für diese Betriebsart lautet damit:

STX 'M' T3 T2 T1 T0 N ETX

Um jeden Konflikt mit den Steuerzeichen des DIN-Meßbus zu vermeiden, wird der Teilerfaktor in vier Zeichen zerlegt:

7	6	5	4	3	2	1	0
PAR	1	1	1	X	X	X	X

Dabei enthält das Zeichen T3 das höchste und T0 das niedrigste Nibble des 16 bit Teilerfaktors. Der Faktor für die Mittelwertbildung wird in einem einzigen Zeichen übertragen:

7	6	5	4	3	2	1	0
PAR	1	1	1	1	X	X	X

Die Antwort des DMB16711 besteht aus insgesamt 8 Zeichen Nutzinformation. Die komplette Nachricht lautet:

STX AIN3H AIN3L AIN2H AIN2L AIN1H AIN1L AIN0H AIN0L ETX

Auch bei den Zeichen AIN0L bis AIN3H sind jeweils nur die unteren vier Bit genutzt.

2.9.3 Zählerbaustein DMB16541

Der DMB16541 (Bild 2.36) ist ein Aufwärts-/Abwärtszähler mit DIN-Meßbus-Schnittstelle. Es steht je ein Zähl- und ein Richtungseingang zur Verfügung.

Pin	Name	Funktion
1	CLK	Zähleingang
2	UP/DOWN	Richtungseingang
3	VDD	Versorgung +5 V
4	/RES	Eingang Reset
5	VSS	Versorgung Masse
6	TEN	Ausgang Transmitter Enable
7	TxD	Ausgang Sender
8	RxD	Eingang Empfänger
9	GA4	Eingang Geräteadresse 4
10	GA3	Eingang Geräteadresse 3

2.9 Bausteine mit DIN-Meßbus-Schnittstelle

Pin	Name	Funktion
11	GA2	Eingang Geräteadresse 2
12	GA1	Eingang Geräteadresse 1
13	GA0	Eingang Geräteadresse 0
14	VDD	Versorgung +5 V
15	XOUT	Ausgang Oszillator
16	XIN	Eingang Oszillator
17	NC	nicht benutzt
18	NC	nicht benutzt

Auch dieser Baustein arbeitet fest mit 9600 Baud bei 4 MHz Oszillatorfrequenz, es gelten die gleichen Oszillatorschaltungen, wie zuvor beschrieben. Mit der Baudrate verknüpft ist auch die maximale Zählfrequenz, mit der Ereignisse erfaßt werden können. Sie beträgt jeweils die Hälfte der eingestellten Baudrate, bei 9600 Baud können also Impulse von 4800 Hz noch erfaßt werden (Tastverhältnis 1:1). Die minimale Impuls- und Pausenbreite des Signals muß

$$t_{IP} = \frac{1}{BAUDRATE} \quad \text{betragen.}$$

Der DMB16541 ist ein 32 bit Zähler. Er ist nicht parametrierbar, auf jeden Empfangsaufruf antwortet er mit einer negativen Quittung.

Jeder Sendeaufruf überträgt den aktuellen Zählerstand zur Leitstation und setzt den Zähler auf 0 zurück. Da die Abtastung der Zähleingänge fest mit der Baudrate verknüpft ist, ist der Zählvorgang selbst nicht unterbrechbar, so daß keine Fehler durch einen Zugriff im falschen Moment entstehen können. Sofort nach Erkennen des Sendeaufrufs wird der Zählerstand kopiert und der eigentliche Zähler zurückgesetzt. Während des gesamten Vorgangs der Datenübertragung kann weiter gezählt werden, für die Zählfunktion an sich tritt durch den Sendeaufruf keine Unterbrechung ein.

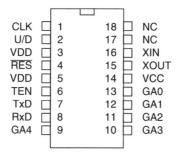

Bild 2.36 Zähler DMB16541

Gelingt die Übertragung der Nachricht mit positiver Quittung durch die Leitstation, so wird die Kopie des Zählerstandes wieder gelöscht. Tritt bei der Datenübertragung ein Fehler auf, so wird eine spezielle Fehlerbehandlung für diesen Fall aktiviert, damit die Information nicht verloren gehen kann: beim nächsten Sendeaufruf wird der neue Zählerstand nicht einfach kopiert, sondern zum Wert der letzten Kopie addiert.

Die Nachricht des DMB16541 besteht aus insgesamt 8 Zeichen Nutzinformation, jedes Zeichen enthält ein Nibble eines Bytes.

$$\text{STX Z3H Z3L Z2H Z2L Z1H Z1L Z0H Z0L ETX}$$

2.9.4 BCD-Konverter DMB16552

Der DMB16552 liest Informationen aus gemultiplexten BCD-Daten und formuliert sie in eine DIN-Meßbus-Nachricht um. Es können maximal sechs Stellen plus Dezimalpunkt erfaßt werden, sowohl positive wie negative Multiplexausgänge können zur Triggerung verwendet werden. Die Auswahl geschieht mit dem logischen Pegel am Eingang UP/DOWN (Bild 2.37).

Pin	Name	Funktion
1	VSS	Versorgung Masse
2	VDD	Versorgung +5 V
3	NC	nicht benutzt
4	VSS	Versorgung Masse
5	NC	nicht benutzt
6	A	BCD-Eingang A
7	B	BCD-Eingang B
8	C	BCD-Eingang C
9	D	BCD-Eingang D
10	DP	Eingang Dezimalpunkt
11	DISP1	Display-Multiplexsignal 1
12	DISP2	Display-Multiplexsignal 2
13	DISP3	Display-Multiplexsignal 3
14	DISP4	Display-Multiplexsignal 4
15	DISP5	Display-Multiplexsignal 5
16	DISP6	Display-Multiplexsignal 6
17	UP/DOWN	Eingang positive/negative Logik
18	GA0	Eingang Geräteadresse 0
19	GA1	Eingang Geräteadresse 1
20	GA2	Eingang Geräteadresse 2

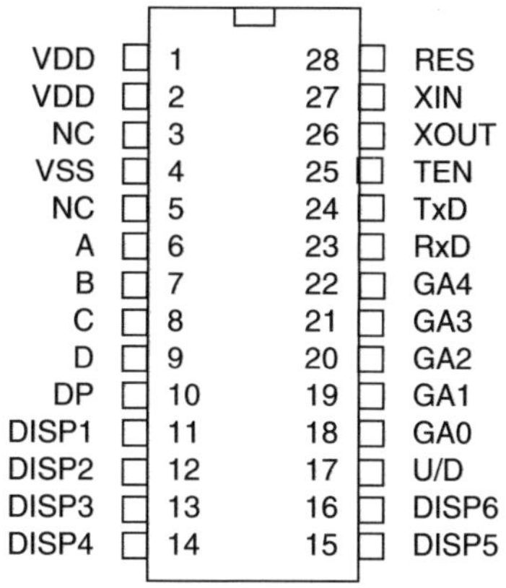

2.9 Bausteine mit DIN-Meßbus-Schnittstelle   141

```
         VDD  □ 1      28 □  RES
         VDD  □ 2      27 □  XIN
          NC  □ 3      26 □  XOUT
         VSS  □ 4      25 □  TEN
          NC  □ 5      24 □  TxD
           A  □ 6      23 □  RxD
           B  □ 7      22 □  GA4
           C  □ 8      21 □  GA3
           D  □ 9      20 □  GA2
          DP  □ 10     19 □  GA1
       DISP1  □ 11     18 □  GA0
       DISP2  □ 12     17 □  U/D
       DISP3  □ 13     16 □  DISP6
       DISP4  □ 14     15 □  DISP5
```

Bild 2.37 BCD-Konverter DMB16552

Pin	Name	Funktion
21	GA3	Eingang Geräteadresse 3
22	GA4	Eingang Geräteadresse 4
23	RxD	Eingang Empfänger
24	TxD	Ausgang Sender
25	TEN	Ausgang Transmitter Enable
26	XOUT	Ausgang Oszillator
27	XIN	Eingang Oszillator
28	RES	Reset

Der DMB16552 erfaßt die an den BCD-Eingängen anstehenden Daten und legt sie in einen internen Pufferspeicher ab. Nicht benutzte Multiplexeingänge müssen auf das inaktive Potential gelegt werden. Als DP-Information wird die Nummer desjenigen Multiplexeingangs gespeichert, mit dem das DP-Signal zeitgleich aktiv wird.

Der DMB16552 ist nicht parametrierbar, seine Nachricht umfaßt immer alle sechs möglichen Stellen und ein Zeichen für die DP-Information.

STX D6 D5 D4 D3 D2 D1 DP ETX

2.9.5 DIN-Meßbus-Controller DMB17421

Der DMB17421 ist ein Busmaster für ein DIN-Meßbus-Netzwerk. Er führt das gesamte Bus-Management durch, wickelt den Querverkehr zwischen den Teilnehmern ab und kommuniziert mit einem übergeordneten Rechner über einen 32 K RAM-Speicher, in dem für jeden Teilnehmer ein eigener Datenbereich von 1 K reserviert ist. Die Pinbelegung dieses Bausteins zeigt Bild 2.38.

Pin	Name	Funktion
1	VDD	Versorgung +5 V
2	A0/8	gemultiplexter Adreßbus A0/A8
3	A1/9	gemultiplexter Adreßbus A1/A9
4	A2/10	gemultiplexter Adreßbus A2/A10
5	A3/11	gemultiplexter Adreßbus A3/A11
6	A4/12	gemultiplexter Adreßbus A4/A12
7	A5/13	gemultiplexter Adreßbus A5/A13
8	A6/14	gemultiplexter Adreßbus A6/A14
9	A7/15	gemultiplexter Adreßbus A7/A15
10	VSS	Versorgung Masse
11	NC	nicht benutzt
12	NC	nicht benutzt
13	NC	nicht benutzt
14	NC	nicht benutzt
15	NC	nicht benutzt
16	NC	nicht benutzt
17	CFG1	Eingang Betriebsart 1
18	CFG2	Eingang Betriebsart 2
19	XIN	Eingang Oszillator
20	XOUT	Ausgang Oszillator
21	TxD	Ausgang Sender
22	RxD	Eingang Empfänger
23	TEN	Ausgang Transmitter Enable
24	RD	Ausgang Lesesignal
25	CMD	Eingang Kommandoübergabe
26	SYNC	Eingang Synchronisation Speicherzugriff
27	VSS	Versorgung Masse
28	WR	Ausgang Schreibsignal
29	AH	Ausgang Adreßlatch High
30	AL	Ausgang Adreßlatch Low
31	VSS	Versorgung Masse
32	RES	Reset
33	D7	Datenbus D7
34	D6	Datenbus D6

2.9 Bausteine mit DIN-Meßbus-Schnittstelle   143

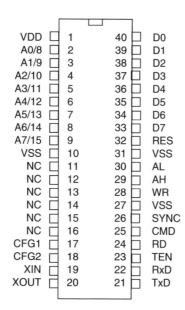

Bild 2.38 DIN-Meßbus-Controller DMB17421

Pin	Name	Funktion
35	D5	Datenbus D5
36	D4	Datenbus D4
37	D3	Datenbus D3
38	D2	Datenbus D2
39	D1	Datenbus D1
40	D0	Datenbus D0

Die gesamte Beschreibung dieses komplexen Bausteins sprengt den Rahmen dieses Buches, es sei hier auf das Datenblatt verwiesen (siehe Bezugsquellennachweis).

2.9.6 Mikroprozessor MFP80C51-PD1T

Der MFP80C51-PD1T ist ein CMOS-Mikroprozessor der Firma Intel, dessen interner Programmspeicher alle für einen DIN-Meßbus-Teilnehmer benötigten Routinen enthält.

Zusätzlich stehen mehrere Software-Timer, eine Uhr sowie eine Multi-Task-Verwaltung zur Verfügung. Der Anwender kann mit diesem Mikroprozessor einen DIN-Meßbus-Teilnehmer entwickeln, wobei für die eigentliche Anwendersoftware der gesamte externe Adreßraum von 60 K zur Verfügung steht. Die gesamte DIN-Meßbus-Kommunikation wird durch den Aufruf entsprechender Unterprogramme abgewickelt.

Für nähere Informationen zu diesem Baustein ist vom Hersteller MFP ein komplettes Datenblatt erhältlich (siehe Bezugsquellennachweis).

3 INTERBUS-S

Der INTERBUS-S ist ein speziell für den Sensor-/Aktorbereich entwickeltes Feldbussystem. Dieser Bereich bildet die direkte Schnittstelle zwischen dem eigentlichen physikalischen Prozeß und den steuernden und regelnden Elementen. Zugehörig zu diesem Bereich sind einfachste Sensoren, wie Ende- und Näherungsschalter, einfachste Aktoren, wie Schütze und Magnetventile, aber auch komplexere Endgeräte, wie Antriebe, Regler und Bediengeräte.

Die Anforderung, zyklisch anfallende Prozeßdaten mit hoher Effizienz und geringem Aufwand an die Prozeßsteuerung zu übertragen, führte zur Entwicklung der Ringstruktur des INTERBUS-S in Verbindung mit einem Summenrahmentelegramm als Übertragungsmedium. Im Gegensatz zu nachrichtenorientierten Verfahren ist hier der effektive Nutzungsgrad der Datenübertragung durch den Wegfall des Protokolloverheads am größten. Zusätzliche Parameterinformationen, wie sie von komplexeren Teilnehmern benötigt werden, werden in Blöcken zu je 16 bit zerlegt und übertragen, so daß sie das Netzwerk nicht mehr belasten wie ein einfacher Teilnehmer. Zur Abwicklung dieser Übertragung dient eine spezielle Protokollsoftware PCP (PCP = Periphals Communication Protocol), die für den Anwender des Systems vollkommen transparent arbeitet. Diese

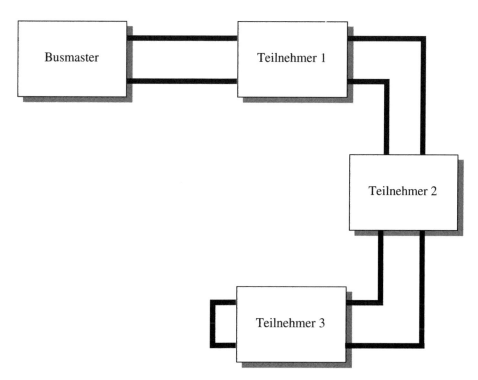

Bild 3.1 Die Ringstruktur des INTERBUS-S wurde in ein gemeinsames Kabel verlagert, so daß eine physikalische Linienstruktur entsteht

Software steht als C-Quellcode zur Verfügung und kann in kürzester Zeit auf eine Applikation portiert werden.

Das INTERBUS-S-System ist als Ring aufgebaut, wobei durch die Verlagerung der Ringstruktur in ein gemeinsames Kabel das physikalische Bild einer Linienstruktur entsteht (Bild 3.1). An das zentrale Buskabel können dabei 64 Teilnehmer angeschlossen werden. Die gewählte Übertragungstechnik nach RS 485 erlaubt Leitungslängen von 400 m zwischen den einzelnen Teilnehmern, wobei jeder Teilnehmer gleichzeitig als Repeater wirkt, so daß insgesamt eine Entfernung von 13 km mit dem INTERBUS-S überbrückt werden kann.

Das Ringsystem des INTERBUS-S erlaubt das gleichzeitige Senden und Empfangen von Daten (Voll-Duplex-Betrieb). Gleichzeitig ergeben sich durch die aktive Ankopplung aller Teilnehmer einfache Diagnosefunktionen im Störungsfall. Ein gestörter Teilnehmer unterbricht nur die Kommunikation zu allen nachfolgenden Teilnehmern im Ring, der Rest des Bussystems bleibt voll funktionsfähig. Diese einfache Möglichkeit, einen ausgefallenen Teilnehmer per Ferndiagnose zu bestimmen, führt in der praktischen Anwendung zu einer Reduzierung von Ausfall- und Stillstandszeiten.

Die Adressierung der einzelnen Teilnehmer erfolgt über ihre Lage im Ring, die oft fehlerbehaftete Einstellung von Geräteadressen entfällt. Damit erhöht sich die Wartungsfreundlichkeit des Systems, da einzelne Teilnehmer ohne weitere Einstellarbeiten einfach ausgetauscht werden können. Die logische Adressierung kann über Zuordnungslisten erfolgen, so daß für die Software des Busmasters ein von der Struktur des Netzwerks unabhängiges Prozeßabbild entsteht.

3.1 Anwendungsbereich

Wie bereits erwähnt, liegt das Einsatzgebiet des INTERBUS-S im unteren Sensor-/Aktorbereich. Es können mit geringem Aufwand einfache Sensoren und Aktoren in das System integriert werden, so daß das INTERBUS-S-System hier als Ersatz für eine umfangreiche parallele Verkabelung dieser Elemente gesehen werden kann, wie sie bisher üblich ist. Die geringe Zykluszeit des INTERBUS-S-Systems im unteren ms-Bereich ist für den Einsatz mit speicherprogrammierbaren Steuerungen (SPS) optimiert. Der Busmaster erzeugt dabei ein gewohntes, paralleles Prozeßabbild für die SPS, so daß die Programmierung in der üblichen Weise erfolgen kann. Für den Anwender stellt sich damit kein Unterschied zwischen der parallelen und der seriellen Anlagenverdrahtung dar.

Antriebe und Regler, oder ganz allgemein gesprochen, Geräte mit erweiterten Funktionen und eigenem Mikroprozessor, können ebenso in das System eingebunden werden. Hierzu stehen zusätzliche Mechanismen zur Parameterübertragung zur Verfügung, die den Bus nur minimal zusätzlich belasten. Eine Untermenge der in DIN 19245 Teil 2 definierten Kommunikationsdienste erlaubt eine einfache Kommunikation mit intelligenten Feldgeräten.

Der INTERBUS-S deckt so mit seinen Möglichkeiten einen weiten Bereich von Anwendungen ab, ohne daß für verschiedene Aufgaben mehrere Bussysteme installiert werden müssen.

3.2 Struktur des Bussystems

Der INTERBUS-S benutzt eine Ringstruktur. Es werden vom ursprünglichen System insgesamt vier Signale mit je einem verdrillten Adernpaar als Differenzsignal übertragen, so daß acht Adern pro Richtung benutzt werden. Die eingesetzten Treiber nach RS 485 erlauben eine Entfernung von 400 m pro Segment. Da jeder Teilnehmer wie ein Repeater wirkt, sind zusätzliche Repeater zur Busverlängerung nicht notwendig. Gleichzeitig entfällt die Notwendigkeit eines Leitungsabschlusses wie beim DIN-Meßbus.

Zur Erhöhung der Teilnehmeranzahl können weitere Subring-Systeme aufgebaut werden (Bild 3.2), die statt mit Differenzsignalen mit einfachen CMOS-Pegeln arbeiten. Solche Peripheriebusse werden typisch innerhalb eines Schaltschranks eingesetzt und überbrücken nur kurze Entfernungen bis etwa 10 m. Es spricht aber nichts dagegen, auch Subring-Systeme als Fernbus nach RS 485 auszubilden und größere Distanzen zu überbrücken. Insgesamt unterstützt das INTERBUS-S-System maximal 256 Teilnehmer.

Die neueste Entwicklungsstufe des INTERBUS-S-Systems vollzieht den Übergang von vier Adernpaaren auf ein einziges, verdrilltes Adernpaar und stellt damit die Hardware-Kompatibilität zum DIN-Meßbus her. Die Steuersignale, die bisher auf den zusätzlichen

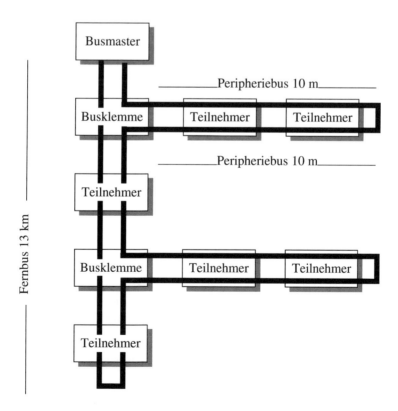

Bild 3.2 INTERBUS-S-Topologie mit Subsystemen

Adernpaaren übertragen wurden, sind jetzt als zusätzliche Protokollbits im Datenfluß enthalten. Das neue System setzt ebenso wie der DIN-Meßbus eine asynchrone Datenübertragung ein.

Durch die zusätzlichen Bits der Steuerinformationen sinkt natürlich die Effizienz des Systems. Aus diesem Grund wurde gleichzeitig mit der Umstellung die Datenrate von 300 kbit/s auf 500 kbit/s erhöht, so daß der Nutzdatendurchsatz nicht betroffen ist. Für den Anwender ergibt sich der unbestreitbare Vorteil, daß jetzt wesentlich einfachere und preiswertere Kabel und Stecker eingesetzt werden können. Auch der Schaltungsaufwand in den Busteilnehmern reduziert sich entsprechend.

3.3 Elektrische Eigenschaften

Der INTERBUS-S schreibt für den Bereich des Fernbusses eine konsequente galvanische Trennung der einzelnen Teilnehmer vor. Eventuell abgehende Peripheriebusse müssen nicht galvanisch von der Busklemme getrennt werden, es genügt hier die im Fernbus vorgenommene Segmentierung.

Die galvanische Trennung der Datenkanäle kann über Optokoppler vorgenommen werden, die allerdings für eine Datenrate von 500 kbit/s geeignet sein müssen. Zur Trennung der Stromversorgung der Sende- und Empfangsbausteine vom Rest der Schaltung bieten sich in erster Linie DC/DC-Wandler an, da INTERBUS-S-Komponenten im industriellen Bereich sehr oft mit einer 24 V Gleichspannung versorgt werden, so daß man keine Transformatoren mit getrennter Sekundärwicklung einsetzen kann.

3.3.1 Sender

Der Sender (Bild 3.3) setzt das als TTL-Signal an seinem Eingang anstehende Datensignal in ein symmetrisches Ausgangssignal von ±5 V nach EIA RS 485 an seinem Ausgang um. Diese Norm schreibt eine minimale Ausgangsspannung von $1{,}5\,V \le |U_t| \le 5\,V$ an eine Last von 54 Ω vor. Es werden insgesamt vier Sender für das alte 8-Draht-Protokoll und ein Sender für das neuere Zweidraht-Protokoll des INTERBUS-S-Systems benötigt.

Im Überlastfall muß der Senderausgang seinen Strom auf maximal 250 mA begrenzen, dieser Zustand muß ohne Beeinträchtigung auch über längere Zeit gehalten werden können.

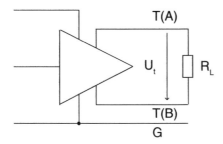

Bild 3.3 Sender nach RS 485

3.3.2 Empfänger

Der Empfängerschaltkreis erkennt das Signal aus der Differenz der an seinen beiden Eingängen anliegenden Spannungen (Bild 3.4). Als Grenzen für die sichere Erkennung beider logischer Zustände gelten

$-7\text{ V} \leq U_i \leq -0{,}3\text{ V}$ für logisch Eins und

$+0{,}3\text{ V} \leq U_i \leq +12\text{ V}$ für logisch Null.

Hier bei dürfen beide Eingangsspannungen gegenüber Betriebserde den Bereich

$-7\text{ V} \leq U_{ia}, U_{ib} \leq +12\text{ V}$

für eine sichere Erkennung nicht überschreiten, wobei Spannungen im Bereich

$-10\text{ V} \leq U_{ia}, U_{ib} \leq +15\text{ V}$

nicht zu einer Beschädigung des Empfängerschaltkreises führen dürfen.

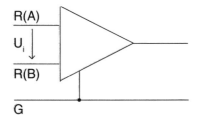

Bild 3.4 Empfänger nach RS 485

3.3.3 Steckverbindungen und Kabel

Das INTERBUS-S-System benutzt verschiedene Varianten von Steckern und Buchsen für die Bereiche Fern-, Peripherie- und Installationsbus. Beim Fernbus muß außerdem zwischen der älteren Acht-Leiter- und der neuen Zwei-Leiter-Übertragung unterschieden werden.

8-Leiter Fernbusanschluß

Stecker/Buchse:	D-SUB 25 polig
Kabel:	LIYCY 10 x 2 x 0,14 mm²
maximaler Leitungswiderstand:	140 Ω/km
maximale Leitungskapazität:	120 nF/km

ankommender Fernbus		weiterführender Fernbus	
Kontakt	Signal	Kontakt	Signal
1	Brücke zu Kontakt 13	1	RC Out
2	SLO1	2	SLO2
3	CKO1	3	CKO2
4	CRO1	4	CRO2
5	DO1	5	DO2
6	SLI1	6	SLI2
7	CKI1	7	CKI2
8	CRI1	8	CRI2
9	DI1	9	DI2
10	-	10	-
11	-	11	-
12	-	12	-
13	Brücke zu Kontakt 1	13	+5 V
14	GND	14	GND
15	/SLO1	15	/SLO2
16	/CKO1	16	/CKO2
17	/CRO1	17	/CRO2
18	/DO1	18	/DO2
19	/SL1	19	/SL2
20	/CKI1	20	/CKI2
21	/CRI1	21	/CRI2
22	/DI1	22	/DI2
23	-	23	-
24	-	24	-
25	RC	25	RBST

3.3 Elektrische Eigenschaften

2-Leiter Fernbusanschluß

Stecker/Buchse:	D-SUB 9 polig
Kabel:	LIYCY 3 x 2 x 0,25 mm²
maximaler Leitungswiderstand:	140 Ω/km
maximale Leitungskapazität:	120 nF/km

ankommender Fernbus		weiterführender Fernbus	
Kontakt	Signal	Kontakt	Signal
1	DO	1	DO
2	DI	2	DI
3	GND	3	GND
4	-	4	-
5	-	5	+5 V
6	/DO	6	/DO
7	/DI	7	/DI
8	-	8	-
9	-	9	RBST

2-Leiter Installationsfernbusanschluß

Stecker/Buchse:	CONINVERS Serie RC 9 polig
Kabel:	LIYCY 3 x 2 x 0,25 mm²
maximaler Leitungswiderstand:	140 Ω/km
maximale Leitungskapazität:	120 nF/km

ankommender Fernbus		weiterführender Fernbus	
Kontakt	Signal	Kontakt	Signal
1	DO	1	DO
2	/DO	2	/DO
3	DI	3	DI
4	/DI	4	/DI
5	GND	5	GND
6	PE	6	PE
7	+24 V	7	+24 V
8	0 V	8	0 V
9	-	9	/RBST

Peripheriebusanschluß

Stecker/Buchse: D-SUB 15 polig
Kabel: LIYCY 14 x 0,14 mm^2
maximaler Leitungswiderstand: 148 Ω/km
maximale Leitungskapazität: 120 nF/km

ankommender Peripheriebus		weiterführender Peripheriebus	
Kontakt	Signal	Kontakt	Signal
1	UVO +9 V	1	UVO +9 V
2	UVO +9 V	2	UVO +9 V
3	-	3	+5 V
4	-	4	LBST (RBST)
5	SLI1	5	SLI2
6	CKI1	6	CKI2
7	CRI1	7	CRI2
8	DI1	8	DI2
9	GND	9	GND
10	GND	10	GND
11	RESIN	11	/LBRES
12	SLO1	12	SLO2
13	CKO1	13	CKO2
14	CRO1	14	CRO2
15	DO1	15	DO2

3.4 Übertragungsformat

Das INTERBUS-S-System benutzt in der in Zukunft ausschließlich eingesetzten 2-Leiter-Übertragung ein asynchrones Datenformat, welches das bisher benutzte 8-Leiter-Protokoll gleichwertig ersetzt. Die Steuersignale, die bislang auf den weggefallenen Leitungen übertragen wurden, werden jetzt durch zusätzliche Bits repräsentiert. Das einzelne Zeichen ist damit wie folgt aufgebaut:

- Startbit High
- Statusbit SL-Leitung invertiert
- Statusbit CR-Leitung invertiert
- Markerbit
- 8 bit Daten
- Stopbit Low

Die Übertragungsrate beträgt 500 kbit/s, so daß die gleiche Nettodatenrate wie beim 8-Leiter-Protokoll erreicht wird. Bild 3.5 zeigt die zeitliche Abfolge eines Zeichens.

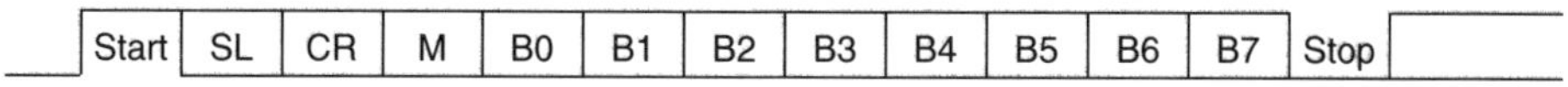

| Start | SL | CR | M | B0 | B1 | B2 | B3 | B4 | B5 | B6 | B7 | Stop |

Bild 3.5 Aufbau eines 13 bit Übertragungszeichen beim INTERBUS-S

3.5 Ablaufsteuerung

Der INTERBUS-S ist ein reines Master/Slave-System. Der Busmaster steuert die gesamte Datenübertragung. Sämtliche Ausgangsdaten sind für jeden Teilnehmer im Summenrahmentelegramm enthalten, jeder Teilnehmer fügt seine Eingangsdaten an der entsprechenden Stelle ein. Jeder Zyklus ist somit gleichzeitig Ausgabe- und Eingabezyklus.

Der Buszugriff erfolgt daher immer zentral vom Busmaster aus. Ein Datenaustausch zwischen einzelnen Teilnehmern ist daher nur über den Busmaster möglich.

Der INTERBUS-S unterscheidet zwischen einem Datenzyklus und einem Identifikationszyklus. Die Unterscheidung erfolgt mit dem Select-Signal oder -Bit. Dieses Signal ist Low während eines Daten- und High während eines Identifikationszyklus. Der Zustand dieses Signals darf vom Busmaster nur zwischen zwei aufeinanderfolgenden Zyklen verändert werden.

Jeder Zyklus besteht aus einem Kontrollwort, den Daten, dem CRC-Wort und einer Checksequenz. Zur Unterscheidung zwischen Daten- und Checksequenz wird durch das CR-Signal getroffen: es ist Low während der Datenübertragung und High während der Checksequenz. Die Länge der Datensätze einzelner Teilnehmer wird durch den Identifikationscode jedes Teilnehmers festgelegt.

Im Identifikationszyklus werden unabhängig von der Datenlänge in jedem Teilnehmer 16 bit Eingangs- und 16 bit Ausgangsdaten verarbeitet. Die von jedem Teilnehmer dabei ausgegebenen Identifikationsdaten enthalten wichtige Angaben über seinen internen Aufbau:

15	14	13	12	11	10	9	8
ID15	ID14	ID13	ID12	ID11	ID10	ID9	ID8

- ID8...ID12: Länge des Schieberegisters im Datenzyklus
- ID13: Rekonfigurationsanforderung
- ID14: CRC-Fehler
- ID15: Modul Status

7	6	5	4	3	2	1	0
ID7	ID6	ID5	ID4	ID3	ID2	ID1	ID0

- ID4...ID7: Kodierung des Modultyps

ID7	ID6	ID5	ID4	Modultyp
1	0	X	X	digitales Modul
0	1	X	X	analoges Modul
0	0	1	X	digitale Busklemme
0	0	0	X	analoge Busklemme
1	1	0	0	digitales Kommunikationsmodul
1	1	0	1	analoges Kommunikationsmodul
1	1	1	0	digitale Kommunikationsbusklemme
1	1	1	1	analoge Kommunikationsbusklemme

- ID2, ID3: Modulspezifische Bits (Definition ausschließlich durch Phoenix Contact)
- ID1: Modul mit Eingängen
- ID0: Modul mit Ausgängen

Die Bits ID7...ID12 definieren die Datenbreite eines Busteilnehmers:

ID12	ID11	ID10	ID9	ID8	Datenbreite
0	0	0	0	0	0 Worte
0	0	0	0	1	1 Wort
0	0	0	1	0	2 Worte
0	0	0	1	1	3 Worte
0	0	1	0	0	4 Worte
0	0	1	0	1	5 Worte
0	0	1	1	0	8 Worte
0	0	1	1	1	9 Worte

3.5 Ablaufsteuerung

ID12	ID11	ID10	ID9	ID8	Datenbreite
0	1	0	0	0	1 Nibble
0	1	0	0	1	1 Byte
0	1	0	1	0	3 Nibble
0	1	0	1	1	3 Byte
0	1	1	0	0	5 Nibble
0	1	1	0	1	5 Byte
0	1	1	1	0	6 Worte
0	1	1	1	1	7 Worte
1	0	0	1	0	16 Worte
1	0	0	1	1	24 Worte
1	0	1	0	0	32 Worte
1	0	1	0	1	10 Worte
1	0	1	1	0	12 Worte
1	0	1	1	1	14 Worte

Mit den Kontrolldaten, die der Busmaster im Identifikationszyklus an die Teilnehmer sendet, können einzelne Teilnehmer manipuliert werden. Sie lassen sich im Fehlerfall aus dem gesamten System herausschalten oder einzeln zurücksetzen. Diese Funktionen sind wesentlich für die Diagnosefähigkeiten des INTERBUS-S-Systems.

15	14	13	12	11	10	9	8
K15	K14	K13	K12	K11	K10	K9	K8

- K8: Lokalbus Reset (nur Busklemme)
- K9: Fernbus Reset (nur Busklemme)
- K10: Lokalbus abschalten (nur Busklemme)
- K11: Fernbus abschalten (nur Busklemme)
- K12: Alarmausgang setzen (nur Busklemme)
- K13: Fehler (nur Busklemme)
- K14: Acknowledge
- K15: Ungültig

Ist das Bit K15 gesetzt, dann wird der Status aller anderen Bits des Kontrollworts vom angesprochenen Teilnehmer ignoriert. Die Bits 0...7 sind zur Zeit noch nicht implementiert.

3.6 Datensicherungsverfahren

Die Datensicherung des INTERBUS-S-Systems benutzt mehrere verschiedene Verfahren gleichzeitig. In der 8-Leiter-Version werden die Steuerleitungen vom Busmaster auf Pegelgleichheit am Aus- und Eingang überwacht, in der 2-Leiter-Version findet ausschließlich eine Überwachung des Datenstroms statt.

Jedem Zyklus voran geht ein Kontrollwort, das durch sämtliche Teilnehmer geschoben wird und schließlich wieder beim Busmaster ankommt. Bei Differenzen zwischen ausgesandtem und empfangenem Kontrollwort wird die Übernahmesequenz in den Teilnehmern unterdrückt, so daß keine falschen Daten von den Teilnehmern übernommen werden können. Das Kontrollwort wird durch Inkrementieren der letzten vier Bits nach jedem Zyklus verändert, so daß eine Verwechslung mit statischen falschen Signalen ausgeschlossen werden kann.

Jede einzelne Übertragungsstrecke eines INTERBUS-S-Netzwerkes wird durch CRC (Cyclic Redundancy Check) auf Fehlerfreiheit überwacht. Diese Funktion ist in jedem Teilnehmer implementiert. Jeder Teilnehmer hat an seinem Ausgang einen CRC-Generator und an seinem Eingang einen CRC-Tester. Der Datenstrom zwischen zwei Teilnehmern wird vom CRC-Generator des einen und dem CRC-Tester des zweiten durch das gleiche Polynom dividiert. Am Beginn der Übergabesequenz werden von allen CRC-Generatoren die aktuellen Polynomreste an die nachfolgenden CRC-Tester übertragen. Dies geschieht simultan zwischen allen Teilnehmern, so daß die benötigte Zeit hierfür nur ein einziges Mal in die gesamte Zeitbilanz des INTERBUS-S-Systems eingeht. Durch das CRC-Verfahren werden auch Bündelfehler erkannt, also längere Störungen, die mehrere aufeinanderfolgende Bits einer Übertragung zerstören. Nur 15 ppm möglicher Bündelfehler werden vom CRC-Verfahren nicht erkannt.

3.7 Elektrische Realisierung

Wie bereits beim DIN-Meßbus in Kapitel 2 folgt eine Auswahl an Bausteinen als Designhilfe bei der Entwicklung von INTERBUS-S-Teilnehmern. Die Auswahl orientiert sich dabei an einer vom INTERBUS-S-Club zusammengestellten Bauteilreferenzliste. Geräte, die mit diesen Bausteinen für den INTERBUS-S entwickelt werden, können den Konformitätstest sehr schnell durchlaufen, da die Eignung dieser Bausteine für den Einsatz zusammen mit dem INTERBUS-S-System bereits überprüft ist. Es gibt sicher weitere Hersteller, die geeignete Bausteine in ihrem Programm haben, allerdings ist hier dann eine erweiterte Prüfung notwendig.

3.7 Elektrische Realisierung

Bezeichnung	Funktion	Hersteller	Hersteller-Bezeichnung	Bemerkung
75172	4fach RS 485 Leitungstreiber	Texas	SN75172N	
75173	4fach RS 485 Empfänger	Texas National	SN75173N DS96163N	
26C31	4fach RS 422 Leitungstreiber	National	DS26C31CN	
26C31	4fach RS 422 Leitungstreiber	National	DS26C31CM	SMD
26C32	4fach RS 422 Empfänger	National	DS26C32CM	
26C32	4fach RS 422 Empfänger	National	DS26C32ACM	SMD
75176	RS 422 Transceiver	Texas	SN75176BP	
75176	RS 422 Transceiver	Texas	SN75176BD	SMD
7705	Mikroprozessorüberwachung	Texas	TL7705ACP	
7705	Mikroprozessorüberwachung	Texas SGS-Thomson	TL7705ACD TL7705ACD	SMD SMD
LM393	2fach Komparator	National	LM393N	
LM393	2fach Komparator	National	LM393D	SMD
HCPL2630	Optokoppler	HP	HCPL2630	
HCPL2631	Optokoppler	HP	HCPL2631	
SFH610-3	Optokoppler	Siemens	Q62703-N77	
6N137	Optokoppler	HP	6N137	
74HC00	4fach Nand-Gatter	Texas Harris	SN74HC00N CD74HC00E	
74HC00	4fach Nand-Gatter	Texas Motorola	SN74HC00D MC74HC00AD	SMD SMD
74HC14	6fach Schmitt-Trigger-Inverter	Texas	SN74HC14N	
74HC14	6fach Schmitt-Trigger-Inverter	Philips Motorola	PC74HC14T MC74HC14D	SMD SMD
74HC74	2fach Flip-Flop	Harris	CD74HC74E	
74HC74	2fach Flip-Flop	Motorola Philips	MC74HC74D PC74HC74T	SMD SMD
74HC164	8 bit Schieberegister	Harris Texas	CD74HC164E SN74HC164N	
74HC164	8 bit Schieberegister	Philips Motorola	PC74HC164T MC74HC164D	SMD SMD
74HC165	8 bit Schieberegister	Harris	CD74HC165E	

Bezeichnung	Funktion	Hersteller	Hersteller-	Bemerkung
74HC165	8 bit Schieberegister	Harris	CD74HC165E	
74HC165	8 bit Schieberegister	Harris	CD74HC165M	SMD
		Philips	PC74HC165T	SMD
		SGS-Thomson	M74HC165M1	SMD
		Texas	SN74HC165D	SMD
		National	MM74HC165M	SMD
74HC273	8 bit Latch	Harris	CD74HC273E	
		National	MM74HC273N	
74HC595	8 bit Schieberegister/Latch	Texas	SN74HC595N	
		Motorola	MC74HC595N	
		Motorola	MC74HC595AN	
74HC595	8 bit Schieberegister/Latch	Texas	SN74HC595D	SMD
		Valvo	PC74HC595TP	SMD
74HC597	8 bit Latch/Schieberegister	Toshiba	TC74HC597AP	
		SGS-Thomson	M74HC597B1	
74HCT14	6fach Schmitt-Trigger-Inverter	Harris	CD74HCT14E	
		Philips	PC74HCT14P	
74HCT14	6fach Schmitt-Trigger-Inverter	Harris	CD74HCT14M	SMD
		Valvo	PC74HCT14T	SMD
74HCT74	2fach Flip-Flop	Texas	SN74HCT74N	
		Harris	CD74HCT74E	
		Philips	PC74HCT74P	
74HCT74	2fach Flip-Flop	Harris	CD74HCT74M	SMD
		National	MM74HCT74M	SMD
		Texas	SN74HCT74D	SMD
		Philips	PC74HCT74T	SMD
74HCT164	8 bit Schieberegister	Harris	CD74HCT164E	
		National	MM74HCT164N	
		Philips	PV74HCT164P	
74HCT165	8 bit Schieberegister	Harris	CD74HCT165E	
		Philips	PC74HCT165P	
74HCT240	8 bit Buffer	Harris	CD74HCT240E	
		Texas	SN74HCT240N	
		Philips	PC74HCT240P	
74HCT240	8 bit Buffer	Harris	CD74HCT240M	SMD
		National	MM74HCT240WM	SMD
		SGS-Thomson	MC74HCT240M1	SMD
		Philips	PC74HCT240T	SMD
		Motorola	MC74HCT240D	SMD
74HCT573	8 bit Latch	Texas	SN74HCT573N	
		Harris	CD74HCT573E	
		Philpips	PC74HCT573P	
74HCT573	8 bit Latch	Philpips	PC74HCT573T	SMD
		SGS-Thomson	MC74HCT573M1	SMD

3.7 Elektrische Realisierung

Bezeichnung	Funktion	Hersteller	Hersteller-	Bemerkung
74HCT597	8 bit Latch/Schieberegister	Philips	PC74HCT597P	
74ACT240	8 fach Buffer	Fairchild	74ACT240PC	
		Harris	CD74ACT240E	
74ACT258	4fach 2-Kanal-Multiplexer	Harris	CD74ACT258E	
		Hitachi	HD74ACT258P	
		Motorola	MC74ACT258N	
		National	MM74ACT258PC	
		Toshiba	TC74ACT258P	
GAL20V8-35	progr. Logikbaustein	SGS-Thomson	20V8-35QB	
		Lattice	20V8-35QP	
RAM 2K	RAM 2 K x 8	Cypress	CY7C130-55	
		IDT	7130	
RAM 32K	RAM 32 K x 8	Catalyst	CAT71C256L-85	
		Samsung	KM62256ALP-10	
		UMC	UM62256A-10L	
EPROM 32K	EPROM 32 K x 8	Texas	TMS27C256-2JL	
		AMD	AM27C256-200DC	
		Fujitsu	MBM27C256A-20Z	
		Hitachi	HN27C256G-20	
		NEC	UPD27C256-20D	
		National	NMC27C256Q20	
		National	NMC27C256BQ200	
		SGS-Thomson	TS27C256Q-20	
80C31	Mikroprozessor	Intel	P80C31BH-1	SMD
		Philips	PCB80C31BH-3	SMD
SUPI-I	Protokollchip	Siemens	SC11C-1004	
SUPI-II	Protokollchip	OKI	M10T0209-009JS	SMD
		OKI	M10T0209-009GS	SMD
Quarz-Osz.	Quarzoszillator 16 MHz	TQE	MCO1400B-16MHZ	
		JVC	VX-4231-16MHZ	

Die Bauteilreferenzliste des INTERBUS-S-Clubs umfaßt außer den bisher aufgelisteten integrierten Schaltkreisen noch weitere passive, aktive, mechanische und elektromechanische Bauteile. Die komplette Liste kann vom INTERBUS-S-Club bezogen werden.

Einige dieser für die Geräteentwicklung relevanten Bausteine werden auf den folgenden Seiten detaillierter beschrieben.

3.7.1 Bauteile für Fern- und Peripheriebusankopplung

Während alle Varianten von Fernbussen mit Differenzsignalen nach RS 485 arbeiten, werden für den Peripheriebus nur einfache CMOS-Pegel benutzt. Dabei werden auf der Empfängerseite Bausteine mit Schmitt-Trigger-Charakteristik eingesetzt, um einen erhöhten Störabstand zu bekommen. Pull-Down-Widerstände an den Eingängen sorgen für einen definierten Pegel bei offenen Eingängen.

3.7.1.1 Leitungstreiber

RS 485-Leitungstreiber sind vierfach in einem IC vom Typ 75172 verpackt. Damit wird für den 8-Leiter-Anschluß genau ein Baustein benötigt. Bild 3.6 zeigt die Pinbelegung des ICs. Die Funktionstabelle eines einzelnen Treibers lautet:

Eingang	Enable		Ausgänge	
DI	EN	/EN	OUT A	OUT B
1	1	X	1	0
0	1	X	0	1
1	X	0	1	0
0	X	0	0	1
X	0	1	Z	Z

Es bedeuten: 0 = Low
1 = High
X = ohne Bedeutung
Z = hohe Impedanz (3-State)

Die Funktionen der einzelnen Pins sind:

Pin	Name	Funktion
1	DI1	Treiber 1 Eingang
2	DO1A	Treiber 1 Ausgang A nichtinvertierend

3.7 Elektrische Realisierung

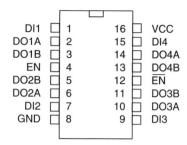

Bild 3.6 Vierfach RS 485-Treiber 75172

Pin	Name	Funktion
3	DO1B	Treiber 1 Ausgang B invertierend
4	EN	Enable
5	DO2B	Treiber 2 Ausgang B invertierend
6	DO2A	Treiber 2 Ausgang A nichtinvertierend
7	DI2	Treiber 2 Eingang
8	GND	Versorgung Masse
9	DI3	Treiber 3 Eingang
10	DO3A	Treiber 3 Ausgang A nichtinvertierend
11	DO3B	Treiber 3 Ausgang B invertierend
12	/EN	Enable
13	DO4B	Treiber 4 Ausgang B invertierend
14	DO4A	Treiber 4 Ausgang A nichtinvertierend
15	DI4	Treiber 4 Eingang
16	VCC	Versorgung +5 V

Für den Peripheriebus, der mit Standard-CMOS-Pegeln arbeitet, wird vorzugsweise der Baustein 74ACT240 als Leitungstreiber eingesetzt. Man muß dabei berücksichtigen, daß dieser Buffer das Signal invertiert. Der 74ACT240 kann acht Leitungen in zwei Gruppen zu je vier Leitungen ansteuern.

3.7.1.2 Empfänger

Das passende Gegenstück zum 75172 ist der 75173. Er stellt vier RS 485-Empfänger in einem Gehäuse zur Verfügung. Bild 3.7 zeigt die Anschlußbelegung. Die Funktionstabelle eines einzelnen Empfängers lautet:

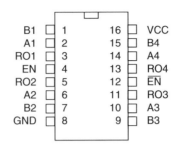

Bild 3.7 Vierfach RS 485-Empfänger mit gemeinsamem Strobe-Signal

Eingang A-B	Enable EN	Enable /EN	Ausgang RO
VIN > 0,2 V	1	X	1
VIN > 0,2 V	X	0	1
-0,2 V < VIN < 0,2 V	1	X	?
-0,2 V < VIN < 0,2 V	X	0	?
VIN < 0,2 V	0	X	0
VIN < 0,2 V	X	0	0
X	0	1	Z

Die Pinfunktionen des Empfängerbausteins sind:

Pin	Name	Funktion
1	B1	Empfänger 1 invertierender Eingang
2	A1	Empfänger 1 nichtinvertierender Eingang
3	RO1	Empfänger 1 Ausgang
4	EN	Enable
5	RO1	Empfänger 2 Ausgang
6	A1	Empfänger 2 nichtinvertierender Eingang
7	B1	Empfänger 2 invertierender Eingang
8	GND	Versorgung Masse
9	B1	Empfänger 3 invertierender Eingang
10	A1	Empfänger 3 nichtinvertierender Eingang
11	RO1	Empfänger 3 Ausgang

3.7 Elektrische Realisierung

Pin	Name	Funktion
12	/EN	Enable
13	RO1	Empfänger 4 Ausgang
14	A1	Empfänger 4 nichtinvertierender Eingang
15	B1	Empfänger 4 invertierender Eingang
16	VCC	Versorgung +5 V

Als Empfänger für den Peripheriebus werden CMOS-Inverter vom Typ 74HC14 eingesetzt. Diese Inverter haben eine Schmitt-Trigger-Charakteristik, die zur Unterdrückung von Störsignalen beiträgt. Pull-Down-Widerstände an den Eingängen werden zum Schutz vor offenen Eingangsleitungen bei nicht gestecktem Verbindungskabel hinzugefügt.

3.7.1.3 Optokoppler

Zur Segmentierung der Übertragungsstrecke werden im Fernbus Optokoppler zur galvanischen Trennung der Teilnehmerschaltung eingesetzt. Diese Optokoppler müssen die hohe Übertragungsrate von 500 kbit/s ohne Verzerrungen verarbeiten können. Aus diesem Grund werden Optokoppler mit integriertem Pegelwandler auf der Empfängerseite bevorzugt.

Bild 3.8 zeigt den Baustein 6N137. Auf der Eingangsseite wird eine normale Leuchtdiode eingesetzt, die mit einer Standardbeschaltung angesteuert werden kann. Auf der Ausgangsseite verfügt der Optokoppler über einen integrierten Schmitt-Trigger, der das Signal des Phototransistors in ein sauberes Rechtecksignal zur weiteren Verarbeitung umformt.

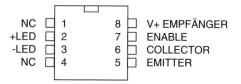

Bild 3.8 Optokoppler 6N137 für hohe Übertragunsgraten

3.7.1.4 DC/DC-Wandler

Die Stromversorgung von Leitungstreiber und -empfänger muß galvanisch von der Gerätestromversorgung eines INTERBUS-S-Teilnehmers getrennt sein. Dazu gibt es grundsätzlich mehrere Möglichkeiten. Man kann, wenn das Gerät einen eigenen Netzanschluß besitzt, einen Netztransformator mit einer zusätzlichen getrennten Wicklung verwenden, der die Schnittstelle versorgt. In vielen Fällen jedoch, vor allem in der üblichen industriellen Umgebung, wird das Gerät an einer zentralen 24 V Gleichspannung betrieben. In diesem Fall ist zur Versorgung der Schnittstelle ein eigener, in der Leistung abgestimmter DC/DC-Wandler die beste Lösung.

DC/DC-Wandler sind in verschiedenen Baugrößen und Leistungsklassen lieferbar. Da die üblichen Leitungstreiber einen maximalen Strombedarf von etwa 60 mA haben, der Eigenverbrauch und der Verbrauch des Empfängers sind dagegen gering, ist ein DC/DC-Wandler mit einem maximalen Ausgangsstrom von 100 mA ausreichend. Dies bedeutet bei 5 V eine maximale Ausgangslast von 0,5 W.

Bild 3.9 zeigt mehrere Standardbausteine, die für den Einsatz in einer INTERBUS-S-Applikation geeignet sind. Grundsätzlich gilt: je kleiner der Wandler, desto teurer ist er auch. Es gilt also abzuwägen, wo bei einer Entwicklung der Schwerpunkt liegen soll.

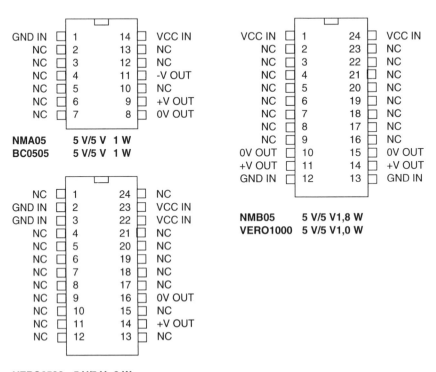

Bild 3.9 Verschiedene DC/DC-Wandler zur Versorgung der Schnittstellen eines INTERBUS-S-Teilnehmers

3.7.2 Protokollchip SUPI II

Zur Realisierung eines INTERBUS-S-Teilnehmers wurde der Protokollchip SUPI II (SUPI = Serielles Universelles Peripherie-Interface) von der Firma Phoenix Contact entwickelt. Dieser Baustein steht allen interessierten Entwicklern zur Verfügung. Er ist über Phoenix Contact erhältlich (siehe Bezugsquellennachweis), in Zukunft soll er auch über weitere Distributoren vertrieben werden.

Mit dem SUPI II können Ein-/Ausgabebaugruppen erstellt werden, die sowohl im Fernbus wie im Peripheriebus eingesetzt werden können. Der SUPI II verfügt über eine Multifunktionsschnittstelle, die sowohl als direkte I/O-Schnittstelle wie auch als Mikroprozessorinterface arbeiten kann.

3.7.2.1 Bauformen und Pinbelegungen

Der SUPI II ist ein ASIC in 1 μm CMOS-Technologie mit etwa 7000 Gatter-Äquivalenten. Bei diesem Baustein handelt es sich um die dritte Generation eines INTERBUS-S-Bausteins. In der 84poligen PLCC-Version ist er kompatibel zu seinem Vorläufer SUPI I.

Bild 3.10 zeigt den SUPI II im PLCC84-Gehäuse, Bild 3.11 die Version im Gehäuse QFP100, die alternativ erhältlich ist. Die Pinbelegung beider Gehäuse weicht deutlich voneinander ab, der Funktionsumfang beider Versionen ist jedoch gleich.

Pinbelegung PLCC84:

Pin	Name	Funktion
1	VSS	Versorgung Masse
2	MFP7	Multifunktionspin 7
3	VSS	Versorgung Masse
4	MFP6	Multifunktionspin 6
5	MFP5	Multifunktionspin 5
6	MFP4	Multifunktionspin 4
7	MFP3	Multifunktionspin 3
8	MFP2	Multifunktionspin 2
9	MFP1	Multifunktionspin 1
10	MFP0	Multifunktionspin 0
11	/RESIN	INTERBUS-S-Reset Eingang
12	ID12	Identifikationscode 12

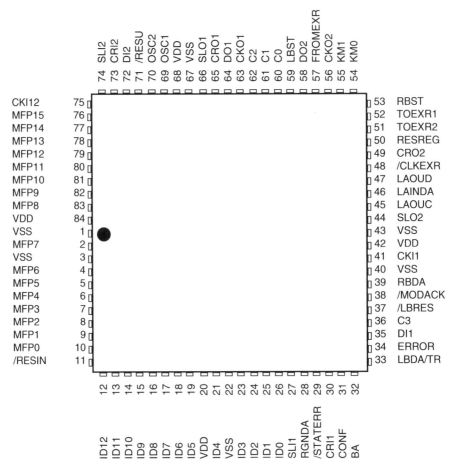

Bild 3.10 Protokollchip SUPI II im Gehäuse PLCC84

Pin	Name	Funktion
13	ID11	Identifikationscode 11
14	ID10	Identifikationscode 10
15	ID9	Identifikationscode 9
16	ID8	Identifikationscode 8
17	ID7	Identifikationscode 7
18	ID6	Identifikationscode 6
19	ID5	Identifikationscode 5
20	VDD	Versorgung +5V
21	ID4	Identifikationscode 4
22	VSS	Versorgung Masse
23	ID3	Identifikationscode 3

Pin	Name	Funktion
24	ID2	Identifikationscode 2
25	ID1	Identifikationscode 1
26	ID0	Identifikationscode 0
27	SLI1	Select-Line OUT Rückweg
28	RGNDA	Konfigurationseingang
29	/STATERR	Meldeeingang Modulfehler
30	CRI1	Control-Line OUT Rückweg
31	CONF	Meldeeingang Rekonfigurationsanforderung
32	BA	Meldeausgang INTERBUS-S aktiv
33	LBDA/TR	Meldeausgang 'Local Bus abgeschaltet' bei BK; 'PCP aktiv' bei uP-Ankopplung
34	ERROR	Meldeausgang 'Fehler im Local Bus'
35	DI1	Daten-Line OUT Rückweg
36	C3	Konfigurationseingang für die MFP-Schnittstelle
37	/LBRES	INTERBUS-S-Reset Ausgang
38	/MODACK	Quittungsausgang für einen erkannten Modulfehler
39	RBDA	Meldeausgang 'Weiterführende INTERBUS-S-Schnittstelle ist abgeschaltet'
40	VSS	Versorgung Masse
41	CKI1	Clock-Line OUT Rückweg
42	VDD	Versorgung +5 V
43	VSS	Versorgung Masse
44	SLO2	Select-Line OUT Hinweg
45	LAOUC	Übernahmesignal der Control-Daten Schieberegister -> Latch-Register
46	/LAIND	Übernahmesignal der Input-Daten Peripherie -> Schieberegister
47	LAOUD	Übernahmesignal der Output-Daten Schieberegister -> Latch-Register
48	/CLKEXR	Takt für externe Schieberegister
49	CRO2	Control-Line OUT Hinweg
50	/RESREG	Rücksetzsignal für externe Latch-Register
51	TOEXR2	Datenausgang für externe Schieberegister
52	TOEXR1	Datenausgang für externe Schieberegister
53	RBST	Meldeeingang, ob weiterführende INTERBUS-S-Schnittstelle genutzt wird
54	KM0	Konfigurationseingang
55	KM1	Konfigurationseingang
56	CKO2	Clock-Line OUT Hinweg
57	FROMEXR	Dateneingang für externe Schieberegister
58	DO2	Daten-Line OUT Hinweg
59	LBST	Meldeeingang, ob Local-Bus-Schnittstelle in Busklemmen-Applikation
60	C0	Konfigurationseingang für die MFP-Schnittstelle

Pin	Name	Funktion
61	C1	Konfigurationseingang für die MFP-Schnittstelle
62	C2	Konfigurationseingang für die MFP-Schnittstelle
63	CKO1	Clock-Line IN Hinweg
64	DO1	Daten-Line IN Hinweg
65	CRO1	Control-Line IN Hinweg
66	SLO1	Select-Line IN Hinweg
67	VSS	Versorgung Masse
68	VDD	Versorgung +5 V
69	OSC1	Oszillator-Eingang
70	OSC2	Oszillator Ausgang
71	/RESU	Initialisierungs-Reset
72	DI2	Daten-Line IN Rückweg
73	CRI2	Control-Line IN Rückweg
74	SLI2	Select-Line IN Rückweg
75	CKI2	Clock-Line IN Rückweg
76	MFP15	Multifunktionspin 15
77	MFP14	Multifunktionspin 14
78	MFP13	Multifunktionspin 13
79	MFP12	Multifunktionspin 12
80	MFP11	Multifunktionspin 11
81	MFP10	Multifunktionspin 10
82	MFP9	Multifunktionspin 9
83	MFP8	Multifunktionspin 8
84	VDD	Versorgung +5 V

Pinbelegung QFP100:

Pin	Name	Funktion
1	RBST	Meldeeingang, ob weiterführende INTERBUS-S-Schnittstelle genutzt wird
2	KM0	Konfigurationseingang
3	NC	nicht benutzt
4	KM1	Konfigurationseingang
5	NC	nicht benutzt
6	CKO2	Clock-Line OUT Hinweg
7	NC	nicht benutzt
8	FROMEXR	Dateneingang für externe Schieberegister
9	DO2	Daten-Line OUT Hinweg

3.7 Elektrische Realisierung

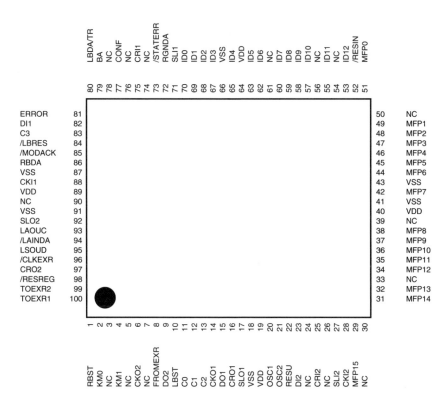

Bild 3.11 Protokollchip SUPI II im Gehäuse QFP100

Pin	Name	Funktion
10	LBST	Meldeeingang, ob Local-Bus-Schnittstelle in Busklemmen-Applikation
11	C0	Konfigurationseingang für die MFP-Schnittstelle
12	C1	Konfigurationseingang für die MFP-Schnittstelle
13	C2	Konfigurationseingang für die MFP-Schnittstelle
14	CKO1	Clock-Line IN Hinweg
15	DO1	Daten-Line IN Hinweg
16	CRO1	Control-Line IN Hinweg
17	SLO1	Select-Line IN Hinweg
18	VSS	Versorgung Masse
19	VDD	Versorgung +5 V
20	OSC1	Oszillator-Eingang

Pin	Name	Funktion
21	OSC2	Oszillator Ausgang
22	/RESU	Initialisierungs-Reset
23	DI2	Daten-Line IN Rückweg
24	NC	nicht benutzt
25	CRI2	Control-Line IN Rückweg
26	NC	nicht benutzt
27	SLI2	Select-Line IN Rückweg
28	CKI2	Clock-Line IN Rückweg
29	MFP15	Multifunktionspin 15
30	NC	nicht benutzt
31	MFP14	Multifunktionspin 14
32	MFP13	Multifunktionspin 13
33	NC	nicht benutzt
34	MFP12	Multifunktionspin 12
35	MFP11	Multifunktionspin 11
36	MFP10	Multifunktionspin 10
37	MFP9	Multifunktionspin 9
38	MFP8	Multifunktionspin 8
39	NC	nicht benutzt
40	VDD	Versorgung +5 V
41	VSS	Versorgung Masse
42	MFP7	Multifunktionspin 7
43	VSS	Versorgung Masse
44	MFP6	Multifunktionspin 6
45	MFP5	Multifunktionspin 5
46	MFP4	Multifunktionspin 4
47	MFP3	Multifunktionspin 3
48	MFP2	Multifunktionspin 2
49	MFP1	Multifunktionspin 1
50	NC	nicht benutzt
51	MFP0	Multifunktionspin 0
52	/RESIN	INTERBUS-S-Reset Eingang
53	ID12	Identifikationscode 12
54	NC	nicht benutzt
55	ID11	Identifikationscode 11
56	NC	nicht benutzt
57	ID10	Identifikationscode 10
58	ID9	Identifikationscode 9
59	ID8	Identifikationscode 8
60	ID7	Identifikationscode 7
61	NC	nicht benutzt
62	ID6	Identifikationscode 6
63	ID5	Identifikationscode 5
64	VDD	Versorgung +5V

3.7 Elektrische Realisierung

Pin	Name	Funktion
65	ID4	Identifikationscode 4
66	VSS	Versorgung Masse
67	ID3	Identifikationscode 3
68	ID2	Identifikationscode 2
69	ID1	Identifikationscode 1
70	ID0	Identifikationscode 0
71	SLI1	Select-Line OUT Rückweg
72	RGNDA	Konfigurationseingang
73	/STATERR	Meldeeingang Modulfehler
74	NC	nicht benutzt
75	CRI1	Control-Line OUT Rückweg
76	NC	nicht benutzt
77	CONF	Meldeeingang Rekonfigurationsanforderung
78	NC	nicht benutzt
79	BA	Meldeausgang I aktiv
80	LBDA/TR	Meldeausgang 'Local Bus abgeschaltet' bei BK; 'PCP aktiv' bei uP-Ankopplung
81	ERROR	Meldeausgang 'Fehler im Local Bus'
82	DI1	Daten-Line OUT Rückweg
83	C3	Konfigurationseingang für die MFP-Schnittstelle
84	/LBRES	INTERBUS-S-Reset Ausgang
85	/MODACK	Quittungsausgang für einen erkannten Modulfehler
86	RBDA	Meldeausgang 'Weiterführende INTERBUS-S-Schnittstelle ist abgeschaltet'
87	VSS	Versorgung Masse
88	CKI1	Clock-Line OUT Rückweg
89	VDD	Versorgung +5 V
90	NC	nicht benutzt
91	VSS	Versorgung Masse
92	SLO2	Select-Line OUT Hinweg
93	LAOUC	Übernahmesignal der Control-Daten Schieberegister -> Latch-Register
94	/LAIND	Übernahmesignal der Input-Daten Peripherie -> Schieberegister
95	LAOUD	Übernahmesignal der Output-Daten Schieberegister -> Latch-Register
96	/CLKEXR	Takt für externe Schieberegister
97	CRO2	Control-Line OUT Hinweg
98	/RESREG	Rücksetzsignal für externe Latch-Register
99	TOEXR2	Datenausgang für externe Schieberegister
100	TOEXR1	Datenausgang für externe Schieberegister

3.7.2.2 Taktoszillator

Der SUPI II benötigt einen 16 MHz-Takt. Dieser kann wahlweise von einem externen Taktoszillator stammen, der ein Signal mit CMOS-Pegel liefern muß, oder mit dem internen Taktoszillator des SUPI II erzeugt werden. Die dazu notwendige Außenbeschaltung zeigt Bild 3.12. Ein 16 MHz-Quarz zwischen den Anschlüssen OSC1 und OSC2 bestimmt die Taktfrequenz, der parallel liegende Widerstand von 1 MΩ stellt den korrekten Arbeitspunkt des Oszillatorschaltkreises ein. Die beiden Keramik-Kondensatoren sollen den doppelten Wert der Lastkapazität des Quarzes aufweisen (typ. 68 pF bei einer Lastkapazität des Quarzes von 30 pF).

Wenn ein externer Takt benutzt wird, muß dieser dem Anschluß OSC1 zugeführt werden. Der Oszillatorschaltkreis arbeitet in diesem Fall als Buffer.

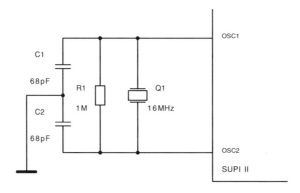

Bild 3.12 Taktoszillator für SUPI II

3.7.2.3 Konfiguration

Der SUPI II besitzt zwei getrennte INTERBUS-S-Schnittstellen sowie eine Schnittstelle zur Applikation. Die Konfiguration der ankommenden und weiterführenden INTERBUS-S-Schnittstelle kann wahlweise als Fern- oder als Peripheriebus gewählt werden. Dazu sind folgende Pins des SUPI II zu definieren:

3.7 Elektrische Realisierung

KM0	KM1	CKO1	RGNDA	Betriebsart
0	0	*	1	Peripheriebus 8-Leiter-Protokoll
1	1	0	0	Fernbus 2-Leiter-Protokoll

* Der Pin CKO1 stellt bei der 8-Leiter-Applikation die ankommende INTERBUS-S-Taktleitung dar.

Die Schnittstelle zwischen SUPI II und der Applikation wird durch die insgesamt sechzehn Multifunktionspins MFP0...MFP15 gebildet. Diese Schnittstelle wird in ihrer Funktion durch die Konfigurationssignale C0...C3 festgelegt:

C3	C2	C1	C0	Betriebsart
1	0	0	0	Busklemme 8-Leiter Peripheriebus
0	0	1	1	Busklemme I/O mit 8-Leiter Peripheriebus
0	0	0	0	Busklemme 2-Leiter Stichleitung
0	1	0	0	Busklemme I/O mit 2-Leiter Stichleitung
1	0	0	1	16 bit Ausgang
1	0	1	0	16 bit Eingang
1	1	0	1	8 bit Eingang und 8 bit Ausgang
0	0	0	1	Mikroprozessor-Interface 1 Byte
1	0	1	1	Mikroprozessor-Interface 2 Byte
1	1	1	1	Mikroprozessor-Interface 4 Byte
1	1	0	0	Mikroprozessor-Interface 6 Byte
0	0	1	0	Mikroprozessor-Interface 8 Byte
1	1	1	0	Register-Emulation

3.7.2.4 Peripheriebus-Teilnehmer

Bild 3.13 zeigt den Anschluß des SUPI II als Peripheriebus-Teilnehmer. Zur Konfiguration werden der Pin RGNDA auf High und die Pins KM0 und KM1 auf Low gelegt. Die Signale des SUPI II können direkt mit den Bussteckern verbunden werden, da der Baustein auch ohne externe Treiber und Empfänger die INTERBUS-S-Spezifikationen für den Peripheriebus

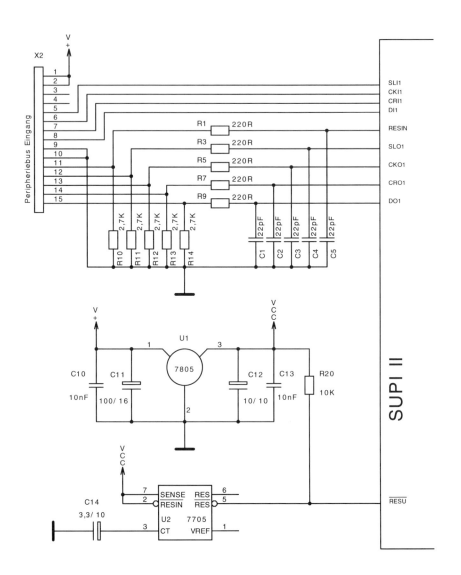

Bild 3.13 SUPI II mit Peripheriebusankopplung

3.7 Elektrische Realisierung

einhält. Die Spannungsversorgung für die Schaltung wird aus den 9 V des Bussteckers gewonnen. Ein Überwachungsschaltkreis vom Typ 7705 überwacht die Versorgungsspannung und erzeugt das für den SUPI II benötigte Reset-Signal am Pin /RESU.

Der Pin RBST ist mit Pin 4 des Ausgangssteckers verbunden. Bei offenem Stecker liegt somit RBST über den zugehörigen Pull-Down-Widerstand auf Low-Pegel, so daß der SUPI II die weiterführende Schnittstelle abschalten und den Signalfluß intern auf den Rückweg umlenken kann.

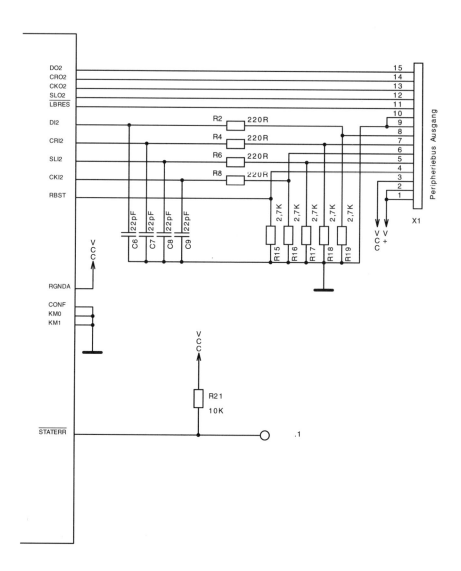

3.7.2.5 Fernbus-Teilnehmer

Der SUPI II wird als Fernbus-Teilnehmer um die notwendigen RS 485-Treiber und -Empfänger ergänzt (Bild 3.14). Zwei Optokoppler in der ankommenden Seite und zwei DC/DC-Wandler in der Gerätestromversorgung sorgen für eine ordnungsgemäße galvanische Trennung, im Schaltbild durch die gestrichelte Linie angedeutet.

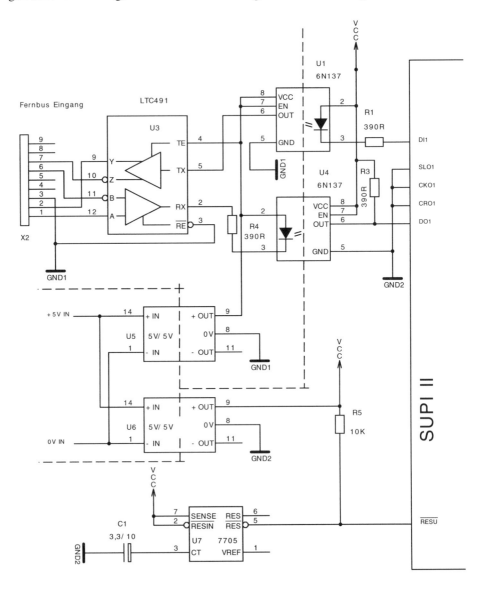

Bild 3.14 SUPI II mit Fernbusankopplung

3.7 Elektrische Realisierung

Durch das 2-Leiter-Protokoll werden nur noch die beiden Datenleitungen DO1 und DI1 für den ankommenden und DO2 und DI2 für den weiterführenden Fernbus benötigt. Die restlichen Eingänge des SUPI II können wahlweise auf High- oder Low-Potential gelegt werden.

Der Pin RBST ist mit Pin 9 des Ausgangssteckers verbunden. Bei offenem Stecker liegt somit RBST über den zugehörigen Pull-Down-Widerstand auf Low-Pegel, so daß der

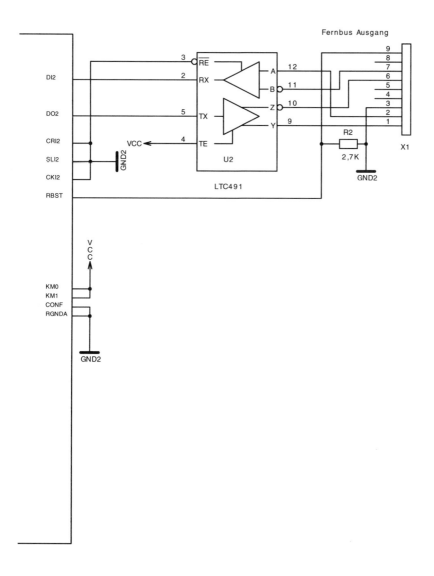

SUPI II die weiterführende Schnittstelle abschalten und den Signalfluß intern auf den Rückweg umlenken kann.

3.7.2.6 Betriebsart Busklemme

Die Busklemme ist ein INTERBUS-S-Teilnehmer, der einen INTERBUS-S-Peripheriebus mit einem INTERBUS-S-Fernbus verbindet. Die Busklemme nimmt die Konvertierung von 2-Leiter-Protokoll in 8-Leiter-Protokoll und zurück vor. Außerdem stellt sie eine Versorgungsspannung von 9 V / 1 A für die INTERBUS-S-Logik der Peripheriebus-Teilnehmer zur Verfügung. Eine Busklemme kann den angeschlossenen Peripherie-Bus auf Anforderung des Busmasters vom restlichen INTERBUS-S-System abtrennen.

Wahlweise kann eine Busklemme zusätzlich I/O-Funktionen haben. Dazu müssen externe Schieberegister zwischen die Pins TOEXR1 und FROMEXR eingeschleift werden. Nähere Einzelheiten hierzu finden sich unter 3.7.2.8.

Zur Konfiguration des SUPI II als Busklemme werden die Pins C0...C3 wie folgt beschaltet:

C3	C2	C1	C0	Betriebsart
1	0	0	0	Busklemme mit 8-Leiter-Peripheriebus ohne I/O
0	0	1	1	Busklemme mit 8-Leiter-Peripheriebus mit I/O

Die Peripheriebus-Schnittstelle steht in der Betriebsart Busklemme an den Multifunktionspins MFP0...MFP8 zur Verfügung. Die Zuordnung der einzelnen Signale zu den Pins lautet:

Pin	Signal	Funktion in Betriebsart Busklemme 8-Leiter
MFP0	CKI	ankommende Taktleitung
MFP1	SLI	ankommende Steuerleitung Daten-/ID-Zyklus
MFP2	DI	ankommende Datenleitung
MFP3	CRI	ankommende Steuerleitung Checksequenz
MFP4	CKO	abgehende Taktleitung
MFP5	SLO	abgehende Steuerleitung Daten-/ID-Zyklus
MFP6	DO	abgehende Datenleitung

3.7 Elektrische Realisierung

Pin	Signal	Funktion in Betriebsart Busklemme 8-Leiter
MFP7	CRO	abgehende Steuerleitung Checksequenz
MFP8	ALARM	Ausgang Alarmmeldung
MFP9	-	nicht benutzen
MFP10	-	nicht benutzen
MFP11	-	nicht benutzen
MFP12	-	nicht benutzen
MFP13	-	nicht benutzen
MFP14	-	nicht benutzen
MFP15	-	nicht benutzen

Der Ausgang MFP8/Alarm kann mit einem Befehl durch den INTERBUS-S-Master gesetzt werden.

Zur Vervollständigung der kompletten Peripheriebus-Schnittstelle gehören die beiden Signale /LBRES und LBST, siehe hierzu auch 3.7.2.3.

Eine weitere Variante der Betriebsart Busklemme ist die Kombination mit einem 2-Leiter-Installations-Fernbus. Auch hier besteht die Möglichkeit, die Busklemme mit oder ohne I/O zu betreiben:

C3	C2	C1	C0	Betriebsart
0	0	0	0	Busklemme mit 2-Leiter-Installations-Fernbus ohne I/O
0	1	0	0	Busklemme mit 2-Leiter-Installations-Fernbus mit I/O

Auch in dieser Betriebsart stehen die Signale des anzukoppelnden Busses an den Multifunktionspins zur Verfügung:

Pin	Signal	Funktion in Betriebsart Busklemme 2-Leiter
MFP0	-	nicht benutzen
MFP1	-	nicht benutzen
MFP2	DI	ankommende Datenleitung
MFP3	-	nicht benutzen
MFP4	-	nicht benutzen
MFP5	-	nicht benutzen
MFP6	DO	abgehende Datenleitung
MFP7	-	nicht benutzen
MFP8	ALARM	Ausgang Alarmmeldung

Pin	Signal	Funktion in Betriebsart Busklemme 2-Leiter
MFP9	-	nicht benutzen
MFP10	-	nicht benutzen
MFP11	-	nicht benutzen
MFP12	-	nicht benutzen
MFP13	-	nicht benutzen
MFP14	-	nicht benutzen
MFP15	-	nicht benutzen

3.2.7.7 Betriebsart I/O

Der SUPI II kann direkt zur Ein-/Ausgabe von digitalen Signalen genutzt werden. Dazu werden die 16 Multifunktionspins MFP0...MFP15 genutzt. Es sind dabei drei verschiedene Varianten möglich.

16 bit Output

An den Multifunktionspins stehen die INTERBUS-S-OUT-Daten der beiden ersten internen Out-Register des SUPI II als statische Signale zur Verfügung. Sie können direkt in der Applikation weiterverarbeitet werden. Jeder Multifunktionspin kann einen Strom von 4 mA treiben. Die Daten an den Multifunktionspins werden am Ende eines jeden INTERBUS-S-Zyklus aktualisiert. Zur Erweiterung der Datenbreite siehe 3.7.2.9.

Zur Auswahl dieser Betriebsart sind die Konfigurationseingänge wie folgt zu beschalten:

C3	C2	C1	C0	Betriebsart
1	0	0	1	16 bit Output

Die Multifunktions-Schnittstelle stellt die 16 Ausgangssignale zur Verfügung. Die Zuordnung zwischen den internen Registern des SUPI II und den Multifunktionspins lautet:

Pin	Signal	Wertigkeit
MFP0	BY0A(0)	2^8
MFP1	BY0A(1)	2^9
MFP2	BY0A(2)	2^{10}

3.7 Elektrische Realisierung

Pin	Signal	Wertigkeit
MFP3	BY0A(3)	2^{11}
MFP4	BY0A(4)	2^{12}
MFP5	BY0A(5)	2^{13}
MFP6	BY0A(6)	2^{14}
MFP7	BY0A(7)	2^{15}
MFP8	BY1A(0)	2^{0}
MFP9	BY1A(1)	2^{1}
MFP10	BY1A(2)	2^{2}
MFP11	BY1A(3)	2^{3}
MFP12	BY1A(4)	2^{4}
MFP13	BY1A(5)	2^{5}
MFP14	BY1A(6)	2^{6}
MFP15	BY1A(7)	2^{8}

16 bit Input

In dieser Betriebsart verarbeitet der SUPI II 16 digitale Signale aus der Applikation, die den Multifunktionspins parallel zugeführt werden. Die Eingänge haben Schmitt-Trigger-Charakteristik zur Unterdrückung von Störsignalen. Die Konfigurationspins C0...C3 sind wie folgt zu beschalten:

C3	C2	C1	C0	Betriebsart
1	0	1	0	16 bit Input

Auch in dieser Betriebsart kann die Datenbreite durch externe Schieberegister erweitert werden, siehe hierzu 3.7.2.9.

In der Betriebsart 16 bit Input hat die Multifunktionsschnittstelle folgende Belegung:

Pin	Signal	Wertigkeit
MFP0	BY0E(0)	2^{8}
MFP1	BY0E(1)	2^{9}
MFP2	BY0E(2)	2^{10}
MFP3	BY0E(3)	2^{11}
MFP4	BY0E(4)	2^{12}
MFP5	BY0E(5)	2^{13}
MFP6	BY0E(6)	2^{14}
MFP7	BY0E(7)	2^{15}

Pin	Signal	Wertigkeit
MFP8	BY1E(0)	2^0
MFP9	BY1E(1)	2^1
MFP10	BY1E(2)	2^2
MFP11	BY1E(3)	2^3
MFP12	BY1E(4)	2^4
MFP13	BY1E(5)	2^5
MFP14	BY1E(6)	2^6
MFP15	BY1E(7)	2^7

8 bit Input, 8 bit Output

Diese Betriebsart reduziert die Datenbreite des INTERBUS-S-Teilnehmers von 16 auf 8 bit. Zur Zeit wird diese Datenbreite von INTERBUS-S-Mastern noch nicht unterstützt, so daß der Teilnehmer durch externe Schieberegister auf 16 bit Datenbreite erweitert werden muß (siehe 3.7.2.9).

Die Konfiguration für diese Betriebsart lautet:

C3	C2	C1	C0	Betriebsart
1	1	0	1	8 bit Input, 8 bit Output

Die zugehörige Pinbelegung der Multifunktionsschnittstelle sieht folgendermaßen aus:

Pin	Signal	Wertigkeit
MFP0	BY0A(0)	2^0
MFP1	BY0A(1)	2^1
MFP2	BY0A(2)	2^2
MFP3	BY0A(3)	2^3
MFP4	BY0A(4)	2^4
MFP5	BY0A(5)	2^5
MFP6	BY0A(6)	2^6
MFP7	BY0A(7)	2^7
MFP8	BY1E(0)	2^0
MFP9	BY1E(1)	2^1
MFP10	BY1E(2)	2^2
MFP11	BY1E(3)	2^3
MFP12	BY1E(4)	2^4
MFP13	BY1E(5)	2^5

3.7 Elektrische Realisierung

Pin	Signal	Wertigkeit
MFP14	BY1E(6)	2^6
MFP15	BY1E(7)	2^7

3.7.2.8 Mikroprozessor-Interface

In der Betriebsart Mikroprozessor-Interface kann der SUPI II wie jeder andere Peripheriebaustein in ein beliebiges Mikroprozessor-System eingebunden werden. Damit lassen sich Applikationen jeder denkbaren Art und Größenordnung auf einfache Weise mit einer INTERBUS-S-Schnittstelle ausrüsten.

Der SUPI II stellt in dieser Betriebsart an seinen Multifunktionspins alle benötigten Busse und Steuerleitungen zur Verfügung:

- 8 bit Datenbus D0...D7,
- 4 bit Adreßbus A0...A3,
- Steuerleitungen /CS, /RD und /WR,
- Interruptausgang /IRQ.

Die Zuordnung dieser Signale zu den sechzehn Multifunktionspins des SUPI II sieht folgendermaßen aus:

Pin	Signal	Bedeutung
MFP0	A0	Adreßbus A0
MFP1	A1	Adreßbus A1
MFP2	A2	Adreßbus A2
MFP3	A3	Adreßbus A3
MFP4	/RD	Lesesignal
MFP5	/WR	Schreibsignal
MFP6	/CS	Chip-Select-Signal
MFP7	/IRQ	Interrupt-Ausgang
MFP8	D0	Datenbus D0
MFP9	D1	Datenbus D1
MFP10	D2	Datenbus D2
MFP11	D3	Datenbus D3
MFP12	D4	Datenbus D4
MFP13	D5	Datenbus D5

Pin	Signal	Bedeutung
MFP14	D6	Datenbus D6
MFP15	D7	Datenbus D7

Die Datenbreite des SUPI II kann in der Betriebsart Mikroprozessor-Interface von einem bis acht Byte eingestellt werden. Hierzu sind die Konfigurationspins C0...C3 entsprechend zu beschalten.

C3	C2	C1	C0	Betriebsart
0	0	0	0	Mikroprozessor-Interface 1 Byte
1	0	1	1	Mikroprozessor-Interface 2 Byte
1	1	1	1	Mikroprozessor-Interface 4 Byte
1	1	0	0	Mikroprozessor-Interface 6 Byte
0	0	1	0	Mikroprozessor-Interface 8 Byte
1	1	1	0	Register-Emulation

Die eingestellte Datenbreite kann auch nachträglich per Software verändert werden (siehe Set II-Register).

Alle Register des SUPI II werden nachfolgend beschrieben, sie sind unabhängig von der gewählten Datenbreite. Mit den vier Adreßleitungen des Bausteins stehen insgesamt sechzehn Lese- und sechzehn Schreibregister zur Verfügung, von den möglichen Adressen sind aber nur die ersten 14 genutzt:

Relative Adresse	Schreibzugriff	Lesezugriff
0	IB-IN0	IB-OUT0
1	IB-IN1	IB-OUT1
2	IB-IN2	IB-OUT2
3	IB-IN3	IB-OUT3
4	Interrupt-Enable	Interrupt-Event I
5	Set I	Interrupt-Event II
6	Set II	Test State
7	-	IB-State
8	Cycle Write	Cycle Read
9	Testmode	-

Relative Adresse	Schreibzugriff	Lesezugriff
10	IB-IN4	IB-OUT4
11	IB-IN5	IB-OUT5
12	IB-IN6	IB-OUT6
13	IB-IN7	IB-OUT7

Datenregister

Die INTERBUS-S-Datenregister IB-IN/OUT stehen für den Datenaustausch zwischen INTERBUS-S-Master und Applikation zur Verfügung. Dabei werden die von der Applikation zu beschreibenden IB-IN-Register zum INTERBUS-S-Master übertragen, während dieser seine Daten über die IB-OUT-Register an die Applikation senden kann.

Die beiden Datenregister IB-IN0 und IB-IN1 werden nach der Übernahme durch den INTERBUS-S-Master automatisch gelöscht, so daß hier eingetragene Werte nur ein einziges Mal zum INTERBUS-S-Master übertragen werden. Nachfolgend wird nur noch der Wert 0 übertragen, wenn die Applikation nicht für ein mit dem INTERBUS-S abgestimmtes zyklisches Update der Register sorgt. Für Applikationen ohne PCP-Kommunikation kann diese Verhaltensweise durch Initialisieren des Set I-Registers mit dem Wert H04 abgeschaltet werden.

Interruptbetrieb

Der Mikroprozessor der Applikation arbeitet typisch asynchron zum INTERBUS-S-Zyklus. Daher kann es zu inkonsistenten Daten kommen, wenn ein Schreib- oder Lesezugriff auf eines der Datenregister mit der Latch-Phase des INTERBUS-S-Zyklus zusammenfällt. Die Latch-Phase ist der Zeitpunkt, zu dem am Ende der Checksequenz die gesicherten Daten vom INTERBUS-S in die IB-OUT-Register und der Inhalt der IB-IN-Register auf den INTERBUS-S übernommen werden.

Die Interrupt-Logik des SUPI II bietet mit einer Anzahl von zum INTERBUS-S synchronen Ereignissen die Möglichkeit einer Synchronisation zwischen Applikation und INTERBUS-S-Zyklus, wodurch fehlerhafte Datentransfers verhindert werden können. Die Ereignisse können wahlweise zum Auslösen eines Interrupts des Applikations-Prozessors benutzt oder vor dem gewünschten Zugriff durch Pollen des Mikroprozessors abgefragt werden.

Zur Freigabe eines gewünschten Interrupts wird das Interrupt-Enable-Register benutzt. In diesem Register ist für jede mögliche Interrupt-Quelle ein entsprechendes Bit vorgesehen:

7	6	5	4	3	2	1	0
IBCC	DATAC	IDC	IBRES	CHECK	R	S	IBIN

- IBCC: INTERBUS-S-Cycle-Counter
- DATAC: INTERBUS-S-Data-Cycle
- IDC: ID-Cycle
- IBRES: INTERBUS-S-Reset
- CHECK: Checksequenz
- R: Receive
- S: Send
- IBIN: INTERBUS-S inaktiv

Die Ereignisse, die einen Interrupt auslösen können, sind in zwei Registern untergebracht:

Interrupt-Event I

7	6	5	4	3	2	1	0
0	0	IBCC	IBRES	0	R	S	IBIN

- IBCC: INTERBUS-S-Cycle-Counter. Dieses Bit zeigt an, daß der Zykluszähler eine zuvor programmierte Anzahl von gültigen INTERBUS-S-Zyklen registriert hat.
- IBRES: INTERBUS-S-Reset. Der INTERBUS-S-Teilnehmer wurde durch eine Störung in den Reset-Zustand versetzt.
- R: Receive. Dies ist eine Interruptquelle für die PCP-Kommunikation. Ein gesetztes Bit zeigt ein neues Kommunikationswort an, das aus dem SUPI II gelesen werden kann. Das Receive-Bit zeigt das Ende eines gültigen Datenzyklus mit dem Idle-Bit = 1 an.
- S: Send. Dies ist eine Interruptquelle für die PCP-Kommunikation. Ein gesetztes Bit zeigt an, das der Mikroprozessor ein neues Kommunikationswort in den SUPI II schreiben darf. Das Send-Bit kennzeichnet das Ende eines Daten- oder ID-Zyklus.
- IBIN: INTERBUS-S inaktiv. Der interne Watchdog des SUPI II ist abgelaufen und hat dieses Bit gesetzt.

Interrupt-Event II

7	6	5	4	3	2	1	0
0	0	0	0	CHECK	U	G	ID

3.7 Elektrische Realisierung

- CHECK: Checksequenz. Die Checksequenz eines INTERBUS-S-Zyklus ist eingeleitet worden. Eine Veränderung der IB-IN- und IB-OUT-Register ist nur noch während der nächsten 65 µs zulässig.

- U: Ungültiger Datenzyklus. Der gerade beendete Datenzyklus wurde als ungültig erkannt. Die Daten in den IB-OUT-Registern stammen somit noch vom vorhergehenden Datenzyklus. Die IB-IN-Register dürfen trotzdem neu beschrieben werden.

- G: Gültiger Datenzyklus. Der gerade beendete Datenzyklus wurde als gültig beendet, die vorliegenden IB-OUT-Daten sind aktualisiert worden und können verarbeitet werden.

- ID: Identifikationszyklus. Ein Identifikationszyklus wurde beendet.

Der Mikroprozessor einer Applikation kann auf zwei verschiedene Arten auf den INTERBUS-S-Zyklus synchronisiert werden: durch Interrupt und durch Polling.

Bei der Verwendung von Interrupts bietet sich das Ereignis Data-Cycle zur Synchronisation an. Dieser Interrupt wird freigegeben durch setzen des Bit DATAC im Interrupt-Enable-Register. Bei jedem Interrupt muß der Mikroprozessor das Interrupt-Event-II-Register abfragen, ob ein gültiger oder ungültiger Zyklus vorliegt. Durch den Lesevorgang selbst wird das Interrupt-Event-II-Register wieder gelöscht, der Interrupt-Ausgang kehrt in seinen High-Zustand zurück.

Die Zeitspanne nach einem Interrupt, die dem Mikroprozessor zum Datenaustausch mit dem SUPI II zur Verfügung steht, ist von der Anzahl der Teilnehmer im INTERBUS-S-Netzwerk abhängig. Sie errechnet sich zu

$$t = ((48 + n \cdot 16) \cdot t_{Bit}) - 26{,}67 \text{ µs}$$

mit t_{Bit} = 3,3 µs (Länge eines INTERBUS-S-Bits) und n = Anzahl der 16 bit Datenworte im gesamten INTERBUS-S-Netzwerk.

Im schlechtesten Fall besteht das Netzwerk nur aus dem INTERBUS-S-Master und einem einzigen Teilnehmer mit einem Wort. Damit ergibt sich

$$t = (48 + 1 \cdot 16) \cdot 3{,}3 \text{ µs}) - 26{,}67 \text{ µs} = 184{,}53 \text{ µs}.$$

Innerhalb dieser Zeitspanne muß der Mikroprozessor nach einem Interrupt das Interrupt-Event-II-Register gelesen haben sowie die Datenregister gelesen und/oder beschrieben haben.

Wenn die Verwendung eines Interrupts in einer Applikation nicht möglich ist, so kann das INTERBUS-S-State-Register mittels Polling abgefragt werden.

INTERBUS-S-State

7	6	5	4	3	2	1	0
0	-	-	-	-	I/O	-	-

- I/O: I/O-Access. Dieses Bit zeigt einen Zugriff des INTERBUS-S-Systems auf die Datenregister an. Ist es High, so darf auf keines der Datenregister mehr zugegriffen werden. Ist es Low, so ist der Zugriff für die nächsten 65 µs freigegeben. Diese Zeitspanne ist von der Konfiguration und der Datenbreite des Teilnehmers unabhängig.

SET-I-Register

Das SET-I-Register faßt verschiedene Funktionen des SUPI II zusammen:

7	6	5	4	3	2	1	0
ID12	ID11	ID10	ID9	ID8	DCL	WD1	WD0

- ID8...ID12: Längeneintrag ID-Code. Der Längeneintrag definiert die Datenbreite eines INTERBUS-S-Teilnehmers. Normalerweise wird der Längeneintrag über die Pins ID8...ID12 per Hardware definiert. Zusätzlich bietet der Protokollchip jedoch die Möglichkeit, diese vorgegebene Konfiguration per Software zu verändern. Dazu ist es notwendig, im SET-II-Register das Bit IDL auf 1 zu setzen. Die Einstellung der Datenbreite erfolgt mit den Bits ID8...ID12 in der gleichen Weise, wie sie mit den gleichnamigen Pins des SUPI II durchgeführt werden kann:

ID12	ID11	ID10	ID9	ID8	Datenbreite
0	0	0	0	0	0 Worte
0	0	0	0	1	1 Wort
0	0	0	1	0	2 Worte
0	0	0	1	1	3 Worte
0	0	1	0	0	4 Worte
0	0	1	0	1	5 Worte
0	0	1	1	0	8 Worte
0	0	1	1	1	9 Worte
0	1	0	0	0	1 Nibble
0	1	0	0	1	1 Byte
0	1	0	1	0	3 Nibble
0	1	0	1	1	3 Byte
0	1	1	0	0	5 Nibble
0	1	1	0	1	5 Byte
0	1	1	1	0	6 Worte
0	1	1	1	1	7 Worte

3.7 Elektrische Realisierung

ID12	ID11	ID10	ID9	ID8	Datenbreite
1	0	0	1	0	16 Worte
1	0	0	1	1	24 Worte
1	0	1	0	0	32 Worte
1	0	1	0	1	10 Worte
1	0	1	1	0	12 Worte
1	0	1	1	1	14 Worte

- DCL: Disable Clear. Über die beiden Register IB-IN0 und IB-IN1 wird bei INTERBUS-S-Teilnehmern, die die PCP-Kommunikation unterstützen, der Datenaustausch abgewickelt. Hierzu wird der Inhalt dieser beiden Register nach Übernahme durch den Bus-Master automatisch gelöscht (dies ist die Standard-Einstellung des SUPI II nach Reset).

Wenn ein Teilnehmer keine PCP-Kommunikation unterstützen soll, so kann durch Setzen des DCL-Bits im SET-I-Register dieser zuvor beschriebene Mechanismus ausgeschaltet werden, so daß sich die beiden Register IB-IN0 und IB-IN1 wie sämtliche anderen IB-IN-Register verhalten.

- WD0, WD1: INTERBUS-S-Watchdog. Der INTERBUS-S-Watchdog überwacht die Aktivitäten auf dem INTERBUS-S. Mit jedem einlaufenden Nutzdatum wird der Watchdog wieder zurückgesetzt. Sein Ausgang steuert zwei verschiedene Signale:

Ausgang BA (Bus aktiv). Dieser Pin des SUPI II kann als Diagnosesignal verwendet werden.

Ausgang Interrupt-Quelle IBIN (INTERBUS-S inaktiv) im Register Interrupt Event I. Dieser Interrupt wird bei Ablauf des INTERBUS-S-Watchdog generiert und zeigt an, daß keine Busaktivitäten mehr vorhanden sind. Das Time-Out des Watchdog kann mit den Bits WD0 und WD1 definiert werden:

WD1	WD0	Time-Out in ms
0	0	640 (Standardeinstellung)
0	1	320
1	0	160
1	1	80

SET-II-Register

7	6	5	4	3	2	1	0
-	-	MFP3	MFP2	MFP1	MFP0	MFPC	IDL

- MFP3...MFP0: Diese Bits können die Konfigurationspins C3...C0 ersetzen. Das Bit MFPC bestimmt dabei, ob die Konfiguration der externen Pins oder die der internen Bits im SET-II-Register wirksam ist.

- MFPC: MFPC = 0 wählt die Pins C0...C3, MFPC = 1 wählt die Bits MFP0...MFP3 des SET-II-Registers als Quelle der MFP-Konfiguration aus.

- IDL: IDL = 0 wählt die externen Pins ID9...ID12, IDL = 1 wählt die Bits ID8...ID12 im SET-I-Register als Quelle für den Längeneintrag aus.

3.7.2.9 Externe Registererweiterung

Der SUPI II kann durch Hinzufügen externer Schieberegister auf jede beliebige Datenbreite erweitert werden. Dazu sind zwei verschiedene Datenausgänge vorhanden. Der Ausgang TOEXR1 liegt vor und der Ausgang TOEXR2 liegt nach den internen Schieberegistern des Bausteins.

Die Rückführung der Daten erfolgt in den Eingang FROMEXR, als Schiebetakt ist das Signal /CLKEXR vorgesehen. Zur Übernahme von Daten aus der Applikationsschaltung in die Schieberegister ist das Ladesignal /LAIND vorhanden, das Signal LAOUD steuert die Übernahme aus den Schieberegistern in externe Speicherregister. Im Falle eines INTERBUS-S-Resets kann das Signal /RESREG zum Zurücksetzen aller externer Register benutzt werden.

Bild 3.15 zeigt eine externe Erweiterung des SUPI II um je 16 digitale Ein- und Ausgänge. Dabei spielt die restliche Konfiguration des Bausteins keine Rolle.

3.7.2.10 Diagnosesignale

Zur Anzeige von Störungen und Betriebszuständen besitzt der SUPI II eine Reihe von Diagnosesignalen. Dadurch wird die Lokalisierung von Fehlerquellen in einem INTERBUS-

3.7 Elektrische Realisierung

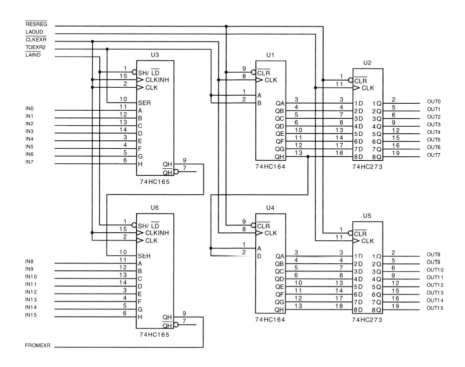

Bild 3.15 Externe Registererweiterung des SUPI II durch Schieberegister

S-Netzwerk wesentlich vereinfacht. Die im Einzelfall verwendbaren Signale sind dabei von der Konfiguration und Lage des Teilnehmers innerhalb des Netzwerks abhängig:

Fernbus-Teilnehmer:

Betriebsart	Signal	RC	BA	TR	Modulfehler	RBDA	LBDA	Conf
Busklemmen		X	X			X	X	X
16 bit Output		X	X		X	X		
16 bit Input		X	X		X	X		
8 bit I/O		X	X		X	X		
Mikroprozessor		X	X	X	X	X		

Peripheriebus-Teilnehmer:

Betriebsart	Signal TR	Modulfehler
16 bit Output		X
16 bit Input		X
8 bit I/O		X
Mikroprozessor	X	X

Dabei haben die einzelnen Signale folgende Bedeutung:

- RC: Remotebus Check. RC wird über eine grüne Leuchtdiode signalisiert, die an den Ausgang /RESREG des SUPI II angeschlossen wird. Remotebus Check überwacht das Eingang-Fernbuskabel. Ist diese Kabelverbindung in Ordnung und der INTERBUS-S-Master nicht im Reset-Zustand, so ist RC aktiv. Bei einem INTERBUS-S-Reset oder Power-Up-Reset wird diese Leuchtdiode inaktiv.

- BA: Bus aktiv. Eine grüne Leuchtdiode am Ausgang BA des SUPI II zeigt eine Aktivität auf dem INTERBUS-S an. Dieses Signal hat eine Ausschaltverzögerung von der Dauer der eingestellten INTERBUS-S-Watchdog-Zeit (Standard 640 ms). Bei ordnungsgemäßem zyklischen Betrieb auf dem INTERBUS-S-Netzwerk leuchtet die BA-Leuchtdiode daher ununterbrochen auf.

- TR: Transmit/Receive. Diese grüne Leuchtdiode wird in den Betriebsarten mit Mikroprozessor an den Ausgang LBDA/TR angeschlossen. Sie leuchtet auf, wenn der Teilnehmer eine PCP-Kommunikation über das INTERBUS-S-Netzwerk betreibt. Eine Ausschaltverzögerung dieses Ausgangs gewährleistet eine sichtbare Anzeige der an sich sehr kurzen Signale.

- Modulfehler. Dies ist ein Meldeeingang für einen beliebigen Fehler innerhalb einer Applikation, zum Beispiel Ausfall der Spannungsversorgung. Jede Flanke am Eingang /STAERR löst eine Meldung 'Modulfehler' aus. Wird der Eingang nicht benötigt, so ist er statisch auf VDD zu legen.

- Conf. Der Meldeeingang CONF wird in der Applikation Busklemme benutzt, um eine Rekonfigurations-Anforderung für das INTERBUS-S-Netzwerk zu stellen. Wird er nicht benutzt, so ist er statisch mit VSS zu verbinden.

- RBDA: Remotebus Disable. Ein High-Signal am Pin RBDA zeigt die Abschaltung des weiterführenden Fernbusses an.

- LDBA: Local Bus Disable. Ein High-Signal am Pin LBDA/TR zeigt in der Betriebsart Busklemme die Abschaltung des Peripheriebusses an.

4 Interfacekarte für PC

Diesem Buch liegt eine Leiterplatte bei, mit der eine Interfacekarte für jeden IBM-kompatiblen PC aufgebaut werden kann. Da es sich um eine äußerst kurze Karte handelt, ist ein Einbau auch unter beengten Platzverhältnissen in einem Laptop-Computer möglich.

Die Schaltung der Interfacekarte stellt einen Bus-Master dar, der ein Feldbus-Netzwerk treiben kann. Die Schaltung wurde ursprünglich für den Einsatz zusammen mit dem DIN-Meßbus entwickelt, hierzu paßt auch die Steckerbelegung des 15poligen D-SUB-Steckers. Durch das neue 2-Leiter-Protokoll des INTERBUS-S ergab sich jedoch die Möglichkeit, mit unveränderter Hardware auch ein INTERBUS-S-Netzwerk zu betreiben. Es muß hierzu nur ein entsprechendes Adapterkabel angefertigt werden.

4.1 Schaltungsbeschreibung

Die Interfacekarte verfügt über einen eigenen Mikroprozessor, eine RISC-CPU vom Typ PIC17C42. Das gesamte Feldbusprotokoll läuft daher getrennt vom PC auf der Interfacekarte ab, die Schnittstelle zwischen beiden Systemen bildet ein 32 kByte großer RAM-Bereich, über den der gesamte Datenaustausch durchgeführt wird. Für den DIN-Meßbus heißt das, für jeden möglichen Teilnehmer wird ein Bereich von 1 kByte reserviert, beim Betrieb mit INTERBUS-S wird ein Prozeßabbild der I/O-Informationen erzeugt, auf das der PC direkt zugreifen kann.

4.1.1 Mikroprozessorsystem

Bild 4.1 zeigt den Mikroprozessor der Interfacekarte mit seiner Beschaltung. Der in der Interfacekarte eingesetzte PIC17C42 eignet sich durch seine besondere Struktur sehr gut für diese Aufgabe, vor allen Dingen seine hohe Rechenleistung von 4 Mips bei 16 MHz Taktfrequenz macht ihn für die Abwicklung des zeitkritischen INTERBUS-S-Protokolls geeignet. Der PIC17C42 verfügt über alle notwendigen Ressourcen:

- 2K X 16 internes EPROM,
- 232 X 8 RAM,
- 48 Spezialregister,
- 16X16 Hardware Stack,
- 11 externe und interne Interruptquellen,
- 33 I/O-Leitungen,

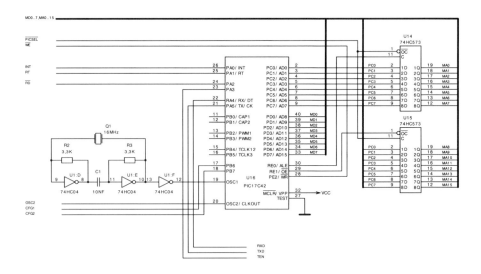

Bild 4.1 Mikroprozessorsystem der Interfacekarte

- 3 Timer/Counter mit 16 Bit,
- 2 Capture Register,
- Serielle Schnittstelle inklusive Baudrate-Generator.

Der Takt für den Mikroprozessor wird mit einem aus drei Invertern 74HC04 gebildetem externen Quarzoszillator erzeugt. Diese Lösung wurde deshalb anstelle des internen Taktoszillators gewählt, weil der PIC17C42 in der Betriebsart 'externer Takt' an seinem Ausgang OSC2 ein mit dem internen Befehlszyklus synchronisiertes Signal mit 1/4 der Quarzfrequenz ausgibt. Dieses Signal wird für die Synchronisation der Speicherzugriffe zwischen PC und Mikroprozessor benötigt.

Zur Bildung von Adreß- und Datenbus werden die Ports C und D eingesetzt, zwei externe Latches vom Typ 74HC573 generieren aus der gemultiplexten Adresse an Port D das Adreß-Low- und -High-Byte.

Die Signale für die serielle Schnittstelle stehen an Port A 4 und 5 zur Verfügung. Mit Port A 3 wird das zusätzlich für den DIN-Meßbus benötigte Signal TEN (Transmitter Enable) erzeugt.

4.1 Schaltung der Interfacekarte   195

4.1.2 Schnittstelle RS 485

Bild 4.2 zeigt die Umsetzung der Schnittstellensignale RxD und TxD auf RS 485. Als Transceiver wird der Baustein LTC491 eingesetzt, der je einen Empfänger und einen Sender enthält. Zur Steuerung der Senderfreigabe wird das Signal TEN benutzt.

Die galvanische Trennung zwischen Schaltung und Schnittstelle nehmen drei Optokoppler vom Typ 6N137 vor. Diese Bausteine sind auch für die hohe Datenrate von 500 kbit/s beim INTERBUS-S geeignet, da sie über eine interne Signalaufbereitung auf der Empfängerseite verfügen. Die Trennung der Stromversorgung nimmt ein DC/DC-Wandler vor.

4.1.3 PC-Bus-Interface und Speicherlogik

Die Interfacekarte nutzt aus Platzgründen nur den in jedem PC vorhandenen XT-Stecker. Damit sind durch den PC nur 8 bit breite Zugriffe möglich. Als Datenbustrennung fungiert hierbei der Buffer 74HC245 U3. Seine Datenrichtung wird durch das PC-Signal /IOR bestimmt.

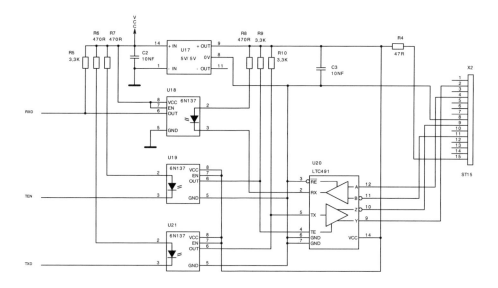

Bild 4.2 RS 485-Schnittstelle

Der Adreßbus des PC wird durch den Vergleicher 74HC688 U6 überwacht. Sobald hier eine Adresse ansteht, die mit der Einstellung des Kodierschalters S1 übereinstimmt, liefert der Vergleicher an seinem Ausgang ein Low-Signal. Zusätzlich werden zur Freigabe der Karte die Signale /IOR, IOW und AEN (X1:A Pin A11) herangezogen.

Das Freigabesignal des 74HC688 steuert sämtliche Aktivitäten des PC auf der Interfacekarte. Es aktiviert den Adreßdecoder 74HC138 U11 über seine G2-Eingänge. Dieser Decoder

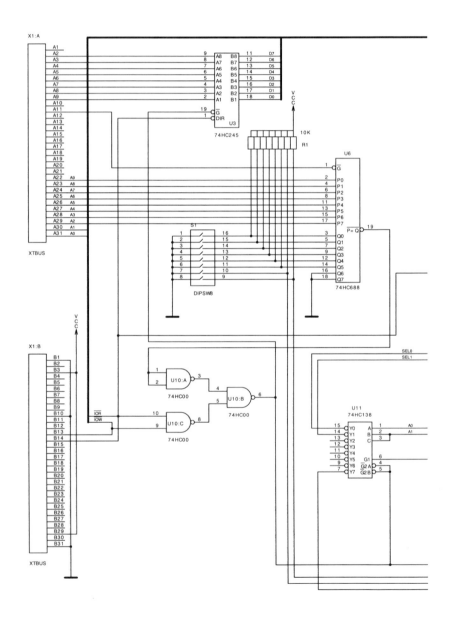

Bild 4.3 PC-Bus-Interface und Speicherlogik

4.1 Schaltung der Interfacekarte

aktiviert die verschiedenen Schaltungsteile je nach Status der Adreßleitungen A0 und A1. Alle folgenden Adreßangaben beziehen sich auf eine eingestellte Kartenadresse von 300H, dies ist die Standard-Einstellung, die von der mitgelieferten Software vorausgesetzt wird.

Auf Adresse 300H (Kartenadresse + 0) liegt das Latch U2 vom Typ 74HC573. Dieses Latch nimmt das Low-Byte der gewünschten Speicheradresse auf. Das zugehörige High-

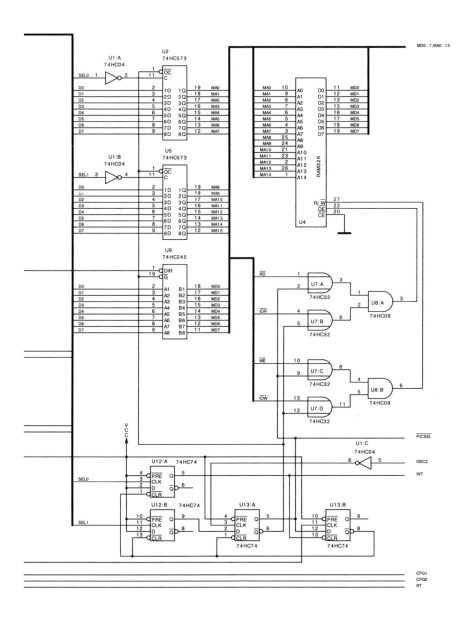

Byte wird von U5 gehalten, der PC kann auf diesen Baustein über die Adresse 301H (Kartenadresse + 1) zugreifen.

Der Zugriff auf den Speicher gestaltet sich etwas komplizierter, da die Zugriffsberechtigung zwischen PC und Mikroprozessor geteilt werden muß. Aus Kostengründen wurde auf den Einsatz von relativ teuren Dual-Port-Rams mit eigener Arbitrierungslogik verzichtet, stattdessen wird eine Schaltung mit vier JK-Flip-Flops und einigen Gattern benutzt. Diese Schaltung arbeitet folgendermaßen:

Grundsätzlich hat der PIC17C42 immer Zugriff auf den Speicher. Das Signal /PICSEL ist immer Low und gibt die Schreib- und Lesesignale des PIC17C42 an den Speicher weiter. Das invertierte /PICSEL-Signal an /Q von U13:A sperrt gleichzeitig den Zugriff des PC über /IOR und /IOW. Damit ist dafür gesorgt, daß der Mikroprozessor seiner eigentlichen Aufgabe als Bus-Master möglichst störungsfrei nachkommen kann.

Wenn jetzt der PC auf den Speicher der Interfacekarte zugreifen will, so ist folgende Reihenfolge der Signale und Zugriffe einzuhalten:

- Adresse Low-Byte schreiben. Gleichzeitig mit der ansteigenden Flanke des Zugriffssignals SEL0 (Bild 4.4) wird das Flip-Flop U12:A getriggert. Dessen Ausgang Q wird High und löst beim PIC17C42 einen Interrupt aus. Dieser Interrupt wird vom Betriebssystem des PIC17C42 nur während eines Speicherzugriffs aktiviert, während anderer Aufgaben findet daher keine störende Unterbrechung durch den PC-Zugriff statt. Trifft der Interrupt während einer Speicheroperation des PIC17C42 ein, so wird diese sofort abgebrochen und der Datenbus freigegeben.

- Adresse High-Byte schreiben. Mit dem Zugriff auf das High-Byte der Adresse wird gleichzeitig das Flip-Flop U12:B getriggert. Synchron mit dem nächsten Befehlsende des PIC17C42 triggert Flip-Flop U13:A und schaltet auf die Steuersignale /IOR und

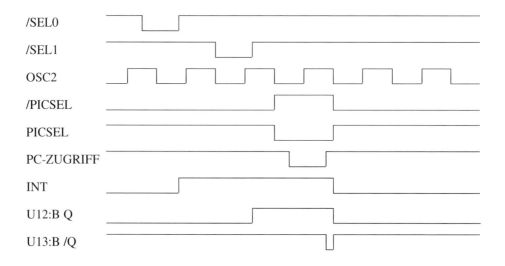

Bild 4.4 Zeitdiagramm der Speicherlogik

/IOW des PC um. Gleichzeitig wird der Datenbusbuffer 74HC245 U9 aktiviert, der den Speicher mit dem Datenbus des PC verbindet.

- Schreib- oder Lesezugriff auf den Speicher. Der PC hat jetzt Zugriff zum Speicher und kann genau eine Schreib- oder Leseoperation durchführen. Dazu wird die Adresse 302H (Kartenadresse + 2) benutzt. Mit der ansteigenden Flanke dieses Signals wird das Flip-Flop U13:B getriggert, das sämtliche Flip-Flops wieder in ihren Ruhezustand versetzt.

- Schreibzugriff auf den PIC17C42. Wird ein Schreibzugriff auf die Adresse 303H (Kartenadresse + 3) durchgeführt, so wird gleichzeitig ein RT-Interrupt des PIC17C42 ausgelöst. Der Mikroprozessor übernimmt damit die auf dem Datenbus anstehenden Daten. Diese Funktion wird als Kommando-Übertragung genutzt.

4.2 Aufbau und Bestückung der Leiterplatte

Die gesamte Schaltung der Interfacekarte ist auf einer Leiterplatte mit den Maßen 106 x 106 mm untergebracht. Diese Leiterplatte ist zweiseitig mit Leiterbahnen versehen. Eine Lötstopmaske sorgt für gute Qualität der Lötstellen. Auf gute Lötqualität und sorgfältige Arbeit ist unbedingt zu achten.

Vor dem Bestücken der Leiterplatte müssen die richtigen Bauelemente beschafft werden:

POS	MENGE	BEZEICHNUNG	HERSTELLER
1	3	6N137	HEWLETT-PACKARD
2	1	74HC00	MOTOROLA, TI, NS
3	1	74HC04	MOTOROLA, TI, NS
4	1	74HC08	MOTOROLA, TI, NS
5	1	74HC138	MOTOROLA, TI, NS
6	2	74HC245	MOTOROLA, TI, NS
7	1	74HC32	MOTOROLA, TI, NS
8	4	74HC573	MOTOROLA, TI, NS
9	1	74HC688	MOTOROLA, TI, NS
10	2	74HC74	MOTOROLA, TI, NS
11	13	MKT 10NF RM5,0	VALVO, WIMA
12	1	DIPSW8	C&K
13	1	LTC491CN	LINEAR TECHNOLOGY
14	1	NMA0505D	RECOM
15	1	PIC17C42 PROGRAMMIERT	ROSE
16	1	QUARZ 16MHz HC49/U	PHILIPS

POS	MENGE	BEZEICHNUNG	HERSTELLER
17	5	WIDERSTAND 0207 1% 3,3K	BEYSCHLAG, VITROHM
18	3	WIDERSTAND 0207 1% 390R	BEYSCHLAG, VITROHM
19	1	WIDERSTAND 0207 1% 47R	BEYSCHLAG, VITROHM
20	1	RAM62256	HITACHI, TOSHIBA
21	1	WID.-NETZWERK 8X10K	BOURNS
22	1	DSUB 15POL.	3M, TUCHEL, ITT-CANNON
23	1	ABSCHLUSSBLECH G30	GLOBE INDUSTRIES
24	3	IC-SOCKEL 8POLIG	AUGAT, FISCHER, AMP
25	7	IC-SOCKEL 14POLIG	AUGAT, FISCHER, AMP
26	1	IC-SOCKEL 16POLIG	AUGAT, FISCHER, AMP
27	7	IC-SOCKEL 20POLIG	AUGAT, FISCHER, AMP
28	1	IC-SOCKEL 28POLIG	AUGAT, FISCHER, AMP
29	1	IC-SOCKEL 40POLIG	AUGAT, FISCHER, AMP

Bild 4.5 zeigt den Bestückungsplan der Leiterplatte. Die nachfolgende Liste gibt die Positionen der Bauteile auf der Leiterplatte wieder:

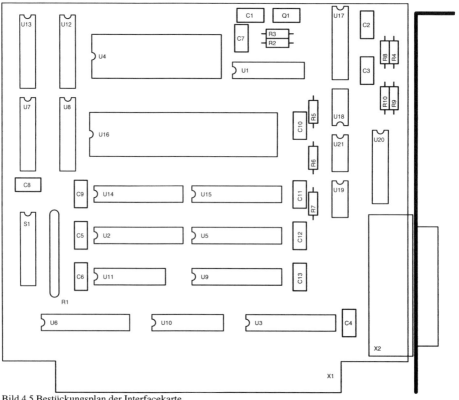

Bild 4.5 Bestückungsplan der Interfacekarte

MENGE	BAUTEIL	POSITION
3	IC-SOCKEL 8POLIG	U18, U19, U21
7	IC-SOCKEL 14POLIG	U1,U7,U8,U10,U12,U13,U20
1	IC-SOCKEL 16POLIG	U11
7	IC-SOCKEL 20POLIG	U2,U3,U5,U6,U9,U14,U15
1	IC-SOCKEL 28POLIG	U4
1	IC-SOCKEL 40POLIG	U16
3	6N137	U18,U19,U21
1	74HC00	U10
1	74HC04	U1
1	74HC08	U8
1	74HC138	U11
2	74HC245	U3,U9
1	74HC32	U7
4	74HC573	U2,U5,U14,U15
1	74HC688	U6
2	74HC74	U12,U13
13	MKT 10NF	C1,C2,C3,C4,C5,C6,C7,C8,C9,C10,C11,C12,C13
1	DIPSW8	S1
1	LTC491CN	U20
1	NMA0505D	U17
1	PIC17C42	U16
1	QUARZ 16MHz	Q1
5	WIDERSTAND 0207 3,3K	R2,R3,R5,R9,R10
3	WIDERSTAND 0207 470R	R6,R7,R8
1	WIDERSTAND 0207 47R	R4
1	RAM 65256	U4
1	WID.-NETZWERK 8X10K	R1
1	DSUB 15POLIG	X2

4.3 Inbetriebnahme

Bei diesem Projekt handelt es sich um eine sehr sensible Angelegenheit, da die fertige Karte irgendwann einmal in einen doch recht teuren PC gesteckt werden muß. Sorgfältige Arbeit und sorgfältige Kontrolle sind also äußerst empfehlenswert.

Im ersten Schritt sollten bei noch leeren Sockeln sämtliche Bussteckeranschlüsse mit einem Durchgangsprüfer gegen die beiden Versorgungsspannungen GND und VCC überprüft werden. Danach wird die Karte mit zwei provisorisch angelöteten Leitungen mit einem externen stabilisierten Netzteil von 5 V verbunden. An allen ICs muß jetzt die Versorgungsspannung VCC zu messen sein:

- U1 Pin 14
- U2 Pin 20
- U3 Pin 20
- U4 Pin 28
- U5 Pin 20
- U6 Pin 20
- U7 Pin 14
- U8 Pin 14
- U9 Pin 20
- U10 Pin 14
- U11 Pin 16
- U12 Pin 14
- U13 Pin 14
- U14 Pin 20
- U15 Pin 20
- U16 Pin 1

Wenn alle Spannungen korrekt gemessen wurden, sollte die Arbeitsweise des DC/DC-Wandlers kontrolliert werden. Zwischen U20 Pin 14 und 7 müssen 5 V zu messen sein, wobei jedoch keine galvanische Verbindung zum speisenden Netzteil existieren darf.

Im nächsten Schritt werden alle ICs in ihre Sockel gesteckt. Achtung: Optokoppler U18 ist aus Gründen der Trennung entgegen der Vorzugsrichtung plaziert (siehe auch Bestückungsplan Bild 4.5). Wir empfehlen, die fertige Karte außerhalb des PCs kurz noch einmal in Betrieb zu nehmen. Es darf sich keines der ICs spürbar erwärmen, mit einem Oszilloskop kann außerdem der Quarzoszillator überprüft werden.

Wenn alle Test positiv verlaufen sind, wird am Kodierschalter der Karte die korrekte Kartenadresse 300H eingestellt. Die Adresse 300H ist im Adreßraum des PCs für Erweiterungen vorgesehen. Dazu werden die mittleren vier Schalter geschlossen:

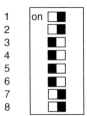

Die Interfacekarte kann jetzt bei ausgeschaltetem Rechner montiert werden, dazu bitte zuvor Netzstecker ziehen.

Nach Wiedereinschalten des Rechners muß dieser wie gewohnt booten. Ist dies nicht der Fall, so muß man unterscheiden:

4.4 Betrieb mit DIN-Meßbus

- eine falsch eingestellte Kartenadresse oder ein anderer Fehler in der Adreßdekodierung kann dazu führen, daß die Karte in einem falschen Adreßbereich aktiv wird. In diesem Fall erscheint meist eine Meldung des BIOS auf dem Schirm.

- Bleibt der Bildschirm vollkommen dunkel oder läuft die Festplatte nicht an, so liegt höchstwahrscheinlich ein schwerwiegender Fehler vor. Den Rechner in diesem Fall sofort wieder ausschalten und die Interfacekarte kontrollieren!

  Achtung: Weder Verlag noch Autor übernehmen irgendeine Haftung für Schäden jeglicher Art, die durch Einbau und Inbetriebnahme der Interfacekarte im PC entstehen können!

Wenn der Rechner ordnungsgemäß bootet und kein Fehler auftritt, kann die Interfacekarte mit Hilfe des Programms DBIBTEST.EXE überprüft werden (Dieses Programm befindet sich zusammen mit anderen auf der beiliegenden Diskette). Das Testprogramm überprüft den gesamten Speicher der Karte und das ordnungsgemäße Arbeiten des Mikroprozessors.

4.4 Betrieb mit DIN-Meßbus

Die Interfacekarte stellt in der Betriebsart DIN-Meßbus einen Busmaster für ein DIN-Meßbus-Netzwerk dar. Der Mikroprozessor der Interfacekarte übernimmt dabei sämtliche Routineaufgaben und stellt dem PC als übergeordnete Instanz seine Kommunikationsdienste zur Verfügung.

4.4.1 Konfiguration für DIN-Meßbus

Um die Interfacekarte am DIN-Meßbus zu betreiben, muß zuvor der Kodierschalter der Karte auf die gewünschte Betriebsart eingestellt werden:

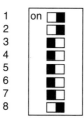

4.4.2 Treibersoftware für DIN-Meßbus

Die Treibersoftware für den DIN-Meßbus befindet sich in der Turbo-Pascal-Unit DMB.TPU für Turbo Pascal 6.0. Diese Datei sollte im selben Directory wie TURBO.EXE bzw. TPC.EXE gespeichert werden. Um die Unit zu benutzen, muß sie am Beginn eines Programms mit der Anweisung uses eingebunden werden:

    program Beispiel;

    uses dos, crt, dmb;

Weitere Informationen zum Thema 'Umgang mit units' siehe Benutzerhandbuch Turbo Pascal.

Die Unit stellt eine Reihe an Prozeduren zur Verfügung, die in eigene Programme eingebunden werden können:

Prozedur: DMBinit

Funktion: initialisiert die Interfacekarte und liefert Informationen über die angeschlossenen Teilnehmer zurück.

Deklaration: DMBinit (var DMB: DMBType)

    Der Datentyp DMBType ist in der Unit DMB.TPU folgendermaßen definiert:

    type DMBType = record

        BOARD_ADRESSE: word;

        ERROR: word;

        ANZ_TEILNEHMER: word;

        TEILN_ADRESSEN: array [1..31] of word;

        STATUS: array [1..31] of byte;

    end;

    Die Prozedur DMBinit initialisiert die Interfacekarte und ermittelt, wieviele Teilnehmer mit welchen eingestellten Geräteadressen am Bus vorhanden sind. Dazu wird ein Emfangsaufruf mit jeder möglichen Teilnehmeradresse durchgeführt und bei Rückmeldung durch die Interfacekarte registriert. Die Variable ANZ_TEILNEHMER gibt die Anzahl der gefundenen Teilnehmer an, das Array TEILN_ADRESSEN wird ab 1 bis ANZ_TEILNEHMER mit den gefundenen Geräteadressen

4.4 Betrieb mit DIN-Meßbus

gefüllt. Das Array STATUS enthält zu jedem vorhandenen Teilnehmer ein Statusbyte.

Vor dem Aufruf der Prozedur ist die korrekte Kartenadresse der Interfacekarte in der Variablen DMB.BOARD_ADRESSE zu übergeben (Standard 300H).

Nach dem Aufruf gibt der Inhalt der Variablen DMB.ERROR an, ob die Initialisierung erfolgreich durchgeführt werden konnte.

Beispiel:

```
program Beispiel_Init;
uses dmb;
var: DMB:DMBType;
begin
   DMB.BOARD_ADRESSE := $300;
   DMBinit (DMB);
   if DMB.ERROR = 0 then
   begin
      writeln('Initialisierung ok. Anzahl der gefundenen');
      writeln('Teilnehmer: ',DMB.ANZ_TEILNEHMER);
      end
   else
      writeln('Initialisierung konnte nicht durchgeführt werden!');
end.
```

Prozedur: DMBsend

Funktion: sendet eine Nachricht an einen Teilnehmer.

Deklaration: DMBsend (var TEILNEHMER: word, NACHRICHT: string[128])

Die Prozedur DMBSend übergibt den Inhalt des Strings NACHRICHT an den DIN-Meßbus-Controller, sobald im Speichersegment des angegebenen Teilnehmers genügend Platz vorhanden ist. Die Prozedur testet nicht, ob ein Teilnehmer mit der gewünschten Geräteadresse im System vorhanden ist.

Beispiel:

```
program Beispiel_Send;
uses dmb;
var DMB: DMBType;
```

```
begin
   DMB.BOARD_ADRESSE := $300;
   DMBinit(DMB);
   if DMB.ERROR = 0 then DMBsend(8, 'TEST');
end.
```

Prozedur:	DMBtest
Funktion:	testet den Status aller Teilnehmer und aktualisiert das Array DMB.STATUS.
Deklaration:	DMBtest (var DMB: DMBType)

Die Prozedur überträgt den aktuellen Status aller Teilnehmer aus der Interfacekarte in den Speicher des PCs. Die einzelnen Bits der Statusbytes haben dabei folgende Bedeutung:

Bit 0: 0 = Sendebuffer leer   1 = Sendebuffer gefüllt

Bit 1: 0 = positive Quittung   1 = negative Quittung bei letzter Datenübertragung zum Teilnehmer

Bit 2: 0 = Empfangsbuffer leer 1 = Empfangsbuffer gefüllt

Bit 3: 0 = positive Quittung   1 = negative Quittung bei letzter Datenübertragung zur Leitstation

Beispiel:

```
program Beispiel_Test;
uses dmb;
var: DMB:DMBType;
begin
   DMB.BOARD_ADRESSE := $300;
   DMBinit (DMB);
   if DMB.ERROR = 0 then
   begin
      DMBtest (DMB);
      if DMB.STATUS[DMB.TEILN_ADRESSEN[1]] and $1 = 0
         then DMBsend(DMB.TEILN_ADRESSEN[1], 'Hallo')
         else write ('Teilnehmer ',DMB.TEILN_ADRESSEN[1],
                                            'nicht bereit!');
   end;
end.
```

Funktion:	DMBread
Funktion:	liest die Nachricht eines Teilnehmers aus dem Speicher der Interfacekarte in den Speicher des PCs und gibt den Empfangsspeicher wieder frei.
Deklaration	DMBread (var TEILNEHMER : word) : string

Die Funktion DMBread kopiert eine Nachricht aus dem Speicher der Interfacekarte und übergibt sie als String. Wenn keine Nachricht vorliegt, wird ein String der Länge 0 übergeben. Gleichzeitig mit dem Abschluß der Kopieraktion wird der Teilnehmer wieder zum Polling freigegeben.

Beispiel:

```
program Beispiel_Read;

uses dmb;
var:    DMB:DMBType;
        x : string[128];

begin
   DMB.BOARD_ADRESSE := $300;
   DMBinit (DMB);
   if DMB.ERROR = 0 then
   begin
      x = DMBread(DMB.TEILN_ADRESSEN[1]);
      if length(x) > 0 then writeln(x)
      else writeln('Keine Nachricht vorhanden!');
   end;
end.
```

4.5 Betrieb mit INTERBUS-S

Die Interfacekarte stellt in der Betriebsart INTERBUS-S einen Busmaster mit eingeschränkter Funktionalität für ein INTERBUS-S-Netzwerk dar. Der Mikroprozessor der Interfacekarte übernimmt dabei das gesamte Busmanagement und stellt dem PC als übergeordnete Instanz ein Prozeßabbild zur Verfügung.

4.5.1 Konfiguration für INTERBUS-S

Um die Interfacekarte als INTERBUS-S-Controller zu betreiben, muß zuvor der Kodierschalter der Karte auf die gewünschte Betriebsart eingestellt werden:

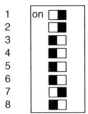

Weiterhin wird ein Adapterkabel benötigt, das die Steckerbelegung der Interfacekarte von DIN-Meßbus auf INTERBUS-S adaptiert:

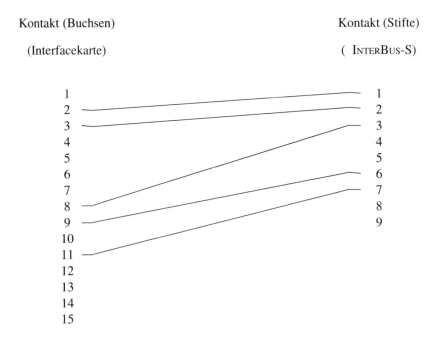

Dieses Kabel stellt auf der rechten Seite einen Standard 2-Leiter Fernbus zur Verfügung.

4.5.2 Treibersoftware für INTERBUS-S

Die Treibersoftware für den INTERBUS-S befindet sich in der Turbo-Pascal-Unit IB.TPU für Turbo Pascal 6.0. Diese Datei sollte im selben Directory wie TURBO.EXE bzw. TPC.EXE gespeichert werden. Um die Unit zu benutzen, muß sie am Beginn eines Programms mit der Anweisung uses eingebunden werden:

    program Beispiel;

    uses dos, crt, ib;

Weitere Informationen zum Thema 'Umgang mit units' siehe Benutzerhandbuch Turbo Pascal.

Die Unit stellt eine Reihe an Proceduren zur Verfügung, die in eigene Programme eingebunden werden können:

Prozedur: IBinit

Funktion: initialisiert die Interfacekarte und liefert Informationen über die angeschlossenen Teilnehmer zurück.

Deklaration: IBinit (var IB: IBType)

Der Datentyp IBType ist in der Unit IB.TPU folgendermaßen definiert:

type IBType = record

    BOARD_ADRESSE: word;

    ERROR: word;

    MODULE_NUMBER: word;

    PB_NUMBER: word;

    PB_STATUS:array[1..32,1..2] of word;

    CONFIGURATION: arry[1..128] of word;

    ANZ_TEILNEHMER: word;

end;

Die Prozedur IBinit initialisiert die Interfacekarte und das angeschlossene INTERBUS-S-System.

Vor dem Aufruf der Prozedur ist die korrekte Kartenadresse der Interfacekarte in der Variablen DMB.BOARD_ADRESSE zu übergeben (Standard 300H).

Nach dem Aufruf gibt der Inhalt der Variablen DMB.ERROR an, ob die Initialisierung erfolgreich durchgeführt werden konnte.

Die Prozedur IBinit liefert folgende Informationen:

IB.MODULE.NUMBER:	Anzahl der angeschlossenen Module
IB.PB_NUMBER:	Anzahl der angeschlossenen Peripheriebusse
IB.PB_STATUS[n,1]:	Anzahl der Module des PB n
IB.PB_STATUS[n,2]:	Anzahl der belegten Wortadressen des PB n
IB.CONFIGURATION:	Ident-Nummern in der Reihenfolge des physikalischen Busaufbaus

Beispiel:

```
program Beispiel_Init;
uses ib;
var: IB:IBType;
begin
   IB.BOARD_ADRESSE := $300;
   IBinit (IB);
   if IB.ERROR = 0 then
      writeln('Initialisierung ok!')
   else
      writeln('Initialisierung konnte nicht durchgeführt werden!');
end.
```

4.5 Betrieb mit INTERBUS-S

Prozedur: IBtransfer

Funktion: aktualisiert das Prozeßabbild des INTERBUS-S-Netzwerk

Deklaration: IBtransfer (var IBIN, IBOUT: IBDataType; var IB: IBType)

Der Datentyp IBDataType ist in der Unit IB.TPU folgendermaßen definiert:

type IBDataType = record

    IBData: array [1..128] of word;

end;

Die Prozedur IBtransfer aktualisiert das Prozeßabbild sämtlicher INTERBUS-S Ein- und Ausgänge.

Beispiel:

```
program Beispiel_Transfer;
uses ib;
var   IB: IBType;
      IBIN, IBOUT: IBDataType;
begin
   IB.BOARD_ADRESSE := $300;
   IBinit(IB);
   if IB.ERROR = 0 then
   begin
      IBOUT.IBData[1] := $1234;
      IBtransfer(IBIN, IBOUT, IB);
   end;
end.
```

5 Applikationen

Die in diesem Kapitel gezeigten Schaltungsbeispiele sind als Anregungen für weiterführende Entwicklungen mit DIN-Meßbus und INTERBUS-S gedacht. Es sollen mögliche Lösungswege aufgezeigt werden, um einen einfachen Einstieg in die Problematik zu ermöglichen.

5.1 Applikationen für DIN-Meßbus

5.1.1 Temperaturerfassung

Zur Temperaturmessung stehen verschiedene Sensoren zur Verfügung: Halbleitersensoren, Thermoelemente und temperaturabhängige Widerstände (PTC oder NTC). Halbleitersensoren sind recht linear, haben nur einen eingeschränkten Arbeitsbereich und einen relativ hohen Preis. Thermoelemente gibt es für jede erdenkliche Temperatur, allerdings ist die Weiterverarbeitung des äußerst geringen Signals relativ aufwendig. Widerstandsfühler sind robust und preiswert, müssen aber relativ auswendig linearisiert werden.

Für die zu betrachtende Applikation wurde aus Kostengründen ein PTC-Widerstandsfühler gewählt. Da zur Abwicklung des Busprotokolls ohnehin ein Mikroprozessor notwendig ist, kann dieser zur Linearisierung der Sensorkennlinie mit Hilfe einer Tabelle herangezogen werden. Auf diese Weise entfällt ein großer externer Aufwand an analoger Schaltungstechnik, gleichzeitig steigt die Zuverlässigkeit und die Langzeitstabilität.

Zur Umsetzung des Widerstandswerts in eine digitale Form wurde das Verfahren der Zeitmessung benutzt (Bild 5.1). Da die zu erfassende Temperatur eine sich nur langsam verändernde Größe darstellt, steht ausreichend Zeit zur Messung zur Verfügung, auch kann eine relativ hohe Auflösung gewählt werden. Abwechselnd wird durch das Programm des steuernden Mikroprozessors je eine Messung mit dem Sensor und eine Messung mit einem genauen Referenzwiderstand durchgeführt, so daß der absolute Wert des zeitbestimmenden Kondensators keinen Einfluß auf die Messung hat. Damit werden gleichzeitig Änderungen durch Temperatur und Alterung aus der Messung ausgeschlossen.

Das Meßverfahren läuft in mehreren Schritten ab:

- Aktivieren von PA1 als Ausgang mit High-Signal. Warten, bis Eingang PA2 auf High schaltet. Wartezeit t_1 erfassen.

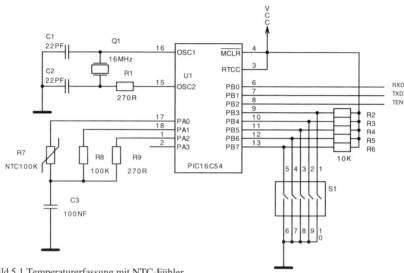

Bild 5.1 Temperaturerfassung mit NTC-Fühler

- Aktivieren von PA0...PA2 als Ausgang mit Low-Signal für 10 ms zur Entladung von C3.

- Aktivieren von PA0 als Ausgang mit High-Signal. Warten, bis Eingang PA2 auf High schaltet. Wartezeit t_2 erfassen.

- Aktivieren von PA0...PA2 als Ausgang mit Low-Signal für 10 ms zur Entladung von C3.

Nach diesem Ablauf kann die Temperatur aus den beiden Zeiten ermittelt werden. Die Zeit t_1 entspricht dem Nennwert des Fühlers bei 25 °C, die Zeit t_2 der aktuellen Temperatur. Aus dem Verhältnis der beiden Werte kann die gemessene Temperatur bestimmt werden, wobei die gekrümmte Kennlinie des Sensors über eine Tabelle mit Korrekturwerten interpoliert werden kann.

Der Anschluß der DIN-Meßbus-Treiber und -Empfänger erfolgt über die Leitungen TEN, TxD und RxD, Bausteine hierzu wurden in Kapitel 2 ausführlich dargestellt. Der Schalter S1 ist zur Einstellung der Geräteadresse vorgesehen.

5.1.2 Umwandlung von analogen Einheitssignalen

Mit der Schaltung in Bild 5.2 wird ein Einheitssignal von 0...10 V mit Hilfe eines Mikroprozessors erfaßt. Dieser Mikroprozessor beinhaltet einen 4-Kanal-A/D-Wandler, dessen erster Kanal in dieser Applikation benutzt wird.

Die Auflösung von 8 bit entspricht einer Genauigkeit von besser 1 %, ein Wert, der bei längeren Übertragungswegen mit dem analogen Signal nur schwer zu erreichen ist.

Wenn statt eines Spannungssignals Stromsignale 4...20 mA erfaßt werden sollen, so kann man dem Eingang einen Strom/Spannungskonverter vorschalten. Solche Bausteine sind als fertige ICs erhältlich, z. B. RCV420 der Firma Burr-Brown. Dieses IC stellt einen Empfänger für Einheitssignale 4...20 mA dar und setzt den Strom in ein Spannungssignal von 0...5 V an seinem Ausgang um. Diesen Bereich kann der A/D-Wandler des Mikroprozessors direkt verarbeiten.

Die Applikation läßt einige I/O-Leitungen des Mikroprozessors ungenutzt, diese können zum Beispiel zur Einstellung der Übertragungsrate des DIN-Meßbus oder aber zur Erfassung weiterer analoger Signale herangezogen werden.

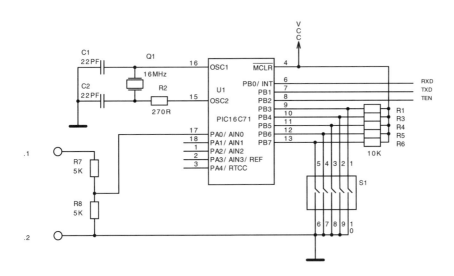

Bild 5.2 Erfassung eines Einheitssignals 0...10 V

5.1.3 Digitales I/O-Modul

Die Abgrenzung zwischen dem INTERBUS-S als Sensor/Aktor-Bus und dem DIN-Meßbus als System zur Vernetzung von Meß- und Erfassungssystemen ist sicherlich fließend zu sehen. Es kann auch in einem Meßaufbau vorkommen, daß Signale einfacher binärer Sensoren und Schalter abgefragt und einfache Aktoren, wie zum Beispiel Magnetventile, angesteuert werden müssen. Deswegen wird wohl niemand ein zweites System installieren.

Bild 5.3 zeigt daher eine einfache Applikation, die ein digitales I/O-Modul mit je sechzehn Ein- und Ausgängen für den DIN-Meßbus darstellt. Externe Latches vom Typ 74HC573

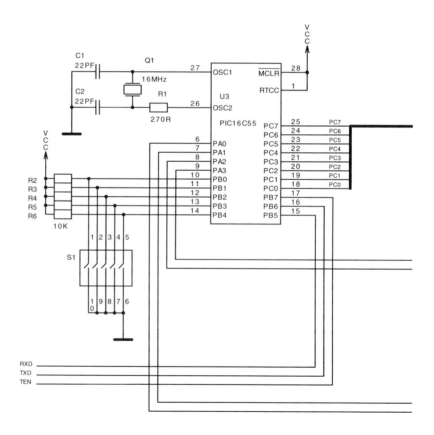

Bild 5.3 Digitales I/O-Modul mit sechzehn Ein- und Ausgängen

5.1 Applikationen für DIN-Meßbus

speichern je acht Signale, zur Auswahl eines Bausteins werden die vier Signale von Port A des Mikroprozessors benutzt.

Je nach Anforderung sind die Ein- und Ausgänge um Optokoppler zur galvanischen Trennung und die Ausgänge um geeignete Leistungsschalter zu erweitern.

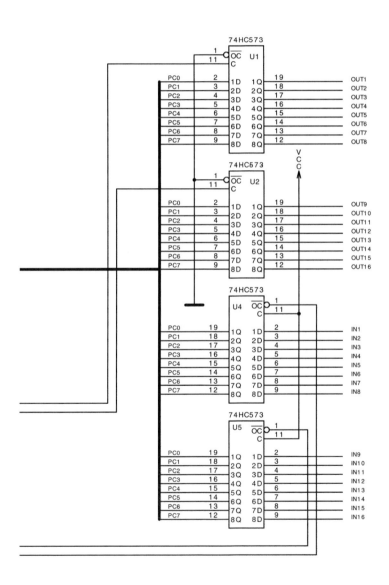

5.1.4 32-Kanal Meßwerterfassungssystem

Die Schaltung in Bild 5.4 erweitert den Mikroprozessor PIC16C71 auf 32 analoge Eingänge. Die eingesetzten Analogmultiplexer AD7506 sind ein weit verbreiteter Industriestandard, es gibt sie auch in einer geschützten Ausführung, die Überspannungen bis zu ±35 V auch bei ausgeschaltetem Gerät verträgt.

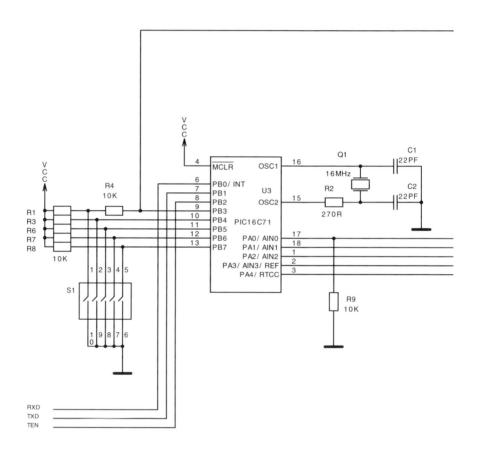

Bild 5.4 32-Kanal-Meßwerterfassung mit PIC16C71

5.1 Applikationen für DIN-Meßbus

Diese Applikation ist ein gutes Beispiel dafür, wie man mit minimalem Hardwareaufwand und einem modernen Mikroprozessor eine komplexe Aufgabenstellung lösen kann. Besondere Beachtung verdient hier die wechselseitige Freigabe der beiden Analogmultiplexer. An sich fehlte genau eine Portleitung zur Ansteuerung des Inverters. Als Lösung wurde der zusätzliche Widerstand R4 eingefügt. So kann nach dem Reset der Schaltung die Stellung des Kodierschalters abgefragt werden, danach wird die Leitung Port B 3 umkonfiguriert als Ausgang, um den Inverter zu treiben. R4 verhindert in diesem Fall den Kurzschluß von Port B 3 gegen Masse bei geschlossenem Kodierschalter.

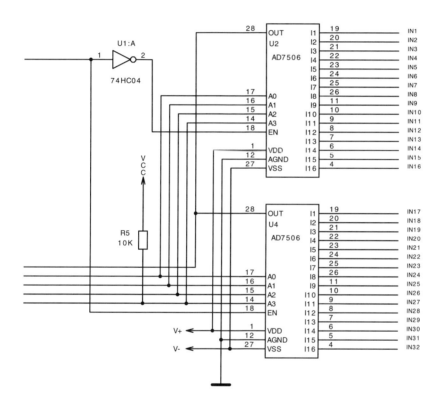

5.2 Applikationen für INTERBUS-S

Applikationen für INTERBUS-S, das heißt in erster Linie Erweiterungen der Teilnehmer-Grundschaltungen mit dem SUPI II. Es gibt aber auch eine Möglichkeit, einen INTERBUS-S-Bus-Master in ein eigenes System zu integrieren.

5.2.1 Digitales I/O-Modul

Die sechzehn Multifunktionspins des SUPI II können als digitale I/O-Signale benutzt werden (siehe Kapitel 3). Sie müssen allerdings um eine externe Beschaltung zur galvanischen Trennung und Pegelanpassung ergänzt werden (Bild 5.5).

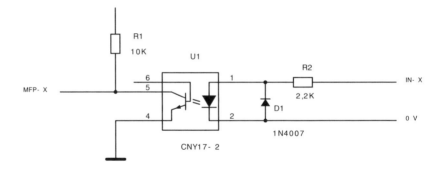

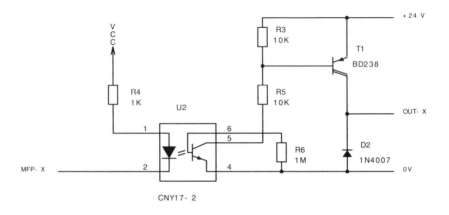

Bild 5.5 Externe Beschaltung der SUPI II-Pins für 24 V Ein- und Ausgang

Alle als Eingang genutzten MFP-Leitungen erhalten das Signal über einen Standard-Optokoppler. Die Beschaltung der Eingangsseite sorgt für die Pegelanpassung an den Industriepegel von 24 V.

Die Ausgänge treiben über Optokoppler externe Leistungstransistoren, die dann die eigentliche Last schalten können. Freilaufdioden schützen den Leistungstransistor vor Spannungsspitzen bei induktiven Lasten, wie zum Beispiel Magnetventilen.

Die Ausgangsschaltung stellt eine Minimallösung dar, sie ist nicht kurzschlußfest und nicht gegen Rückspeisung abgesichert. Auch die Schaltung der Eingangskanäle muß unter Umständen durch zusätzliche Schutzbeschaltungen erweitert werden.

5.2.2 Analoge Meßwerterfassung

Als Basis für ein Modul zur analogen Meßwerterfassung dient die Schaltung zur externen Registererweiterung aus 3.7.2.9. Diese Schaltung wurde um einen als 'intelligenten' A/D-Wandler programmierten Mikroprozessor PIC16C71 erweitert (Bild 5.6). Der Mikroprozessor benötigt keine weitere Beschaltung, er kann mit dem 16 MHz-Takt des SUPI II versorgt werden.

Das Übernahmesignal /LAIND des SUPI II wird benutzt, um beim PIC16C71 einen RTCC-Interrupt auszulösen und die nächste A/D-Wandlung zu starten. Eine Umsetzung benötigt typisch 40 µs, diese Zeit ist kurz gegen einen INTERBUS-S-Zyklus. Das Ergebnis der Umsetzung liegt also früh genug an und wird vom Mikroprozessor an seinem Port B an das Schieberegister ausgegeben. Zwei weitere Bits von Port A dienen als Statusbits für den INTERBUS-S-Master: Port A 2 zeigt an, aus welchem der beiden Analogkanäle der Meßwert stammt, Port A 3 zeigt den internen A/D-Wandler-Status.

Für den INTERBUS-S-Bus-Master liefert der Teilnehmer ein 16 bit breites Wort, dessen Low-Byte den Meßwert eines Kanals darstellt. Bit 8 gibt die Kanalnummer an (0 für AIN0 und 1 für AIN1), Bit 9 sollte immer High sein, da der letzte A/D-Wandler-Zyklus zum Zeitpunkt der Datenübertragung längst abgeschlossen sein muß. Ist dieses Bit Low, so ist innerhalb des Mikroprozessors ein Fehler aufgetreten. Es wäre denkbar, den Reset-Eingang des Mikroprozessors /MCLR für solche Fälle mit einem der Ausgangssignale des SUPI II zu verbinden, dann hätte der INTERBUS-S-Bus-Master die Möglichkeit, den Mikroprozessor im Fehlerfall zurückzusetzen.

Der Meßbereich der beiden Analogeingänge beträgt 0...5 V DC, die Impedanz der Signalquellen sollte kleiner 10 kΩ sein, um den Fehler des A/D-Wandlers unter 1/2 bit zu halten.

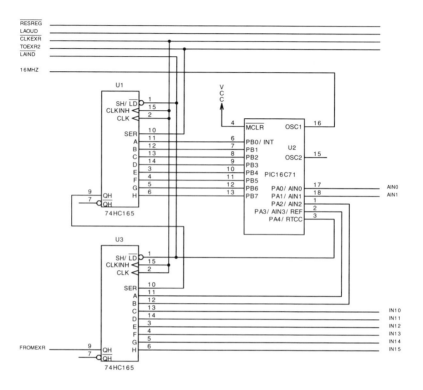

Bild 5.6 Externe Registererweiterung des SUPI II mit zusätzlichem A/D-Wandler

5.2.3 Busklemme

In Kapitel 3 wird die Funktion einer INTERBUS-S- Busklemme, die einen Peripheriebus an einen INTERBUS-S-Fernbus ankoppelt, beschrieben. Die Bilder 5.7 und 5.8 zeigen die dazu notwendige Beschaltung des SUPI II. Wie in Kapitel 3 beschrieben, stehen die für den zusätzlichen Peripheriebus benötigten Schnittstellensignale an den Multifunktionspins zur Verfügung.

Eine galvanische Trennung ist nur beim ankommenden Fernbus zur Segmentierung des INTERBUS-S-Netzwerkes vorgesehen, der Peripheriebus wird genau wie der weiterführende INTERBUS-S-Fernbus ohne galvanische Trennung angeschlossen.

5.2 Applikationen für INTERBUS-S

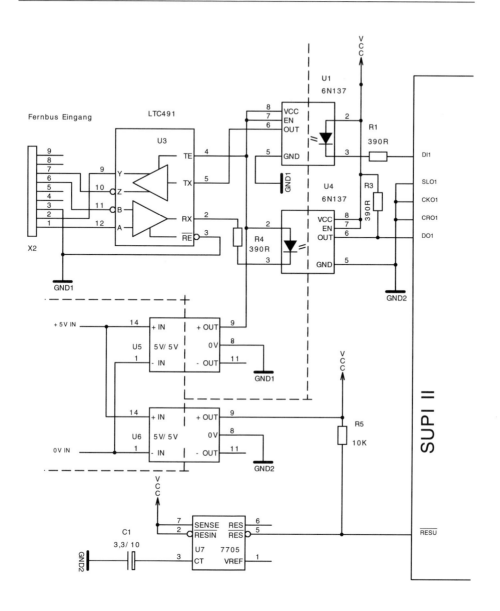

Bild 5.7 Applikation Busklemme, ankommender Fernbus und Spannungsüberwachung

Die Busklemme kann zusätzliche Ein- und Ausgänge bekommen, wenn diese Funktionen benötigt werden. Dazu werden externe Schieberegister benutzt, wie in Kapitel 3 beschrieben. Diese verschiedenen Funktionen des SUPI II beeinflussen sich gegenseitig absolut nicht.

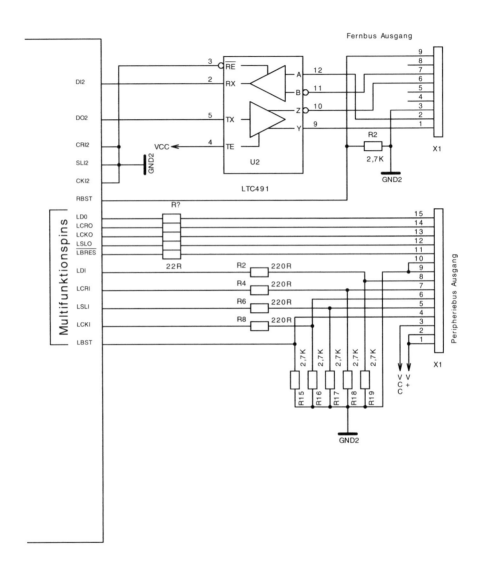

Bild 5.8 Applikation Busklemme, weiterführender Fern- und Peripheriebus

5.2.4 INTERBUS-S-Bus-Master

Um eine einfache Möglichkeit zur Implementation eines Bus-Masters in eine Applikation zu ermöglichen, wurde ein Controllerboard entwickelt, das diese gesamte Funktion zur Verfügung stellt. Dieses Board, IBS Masterboard oder kurz IBS MA genannt, besteht aus einem eignen Rechnerkern mit einer Motorola 32 bit M68332-CPU.

Die Verbindung zum Hostsystem ist ein Multi Ported Memory, auf das bis zu vier Teilnehmer zeitlich nacheinander zugreifen können. Für einfache Anwendungen kann der Speicher als Dual Ported RAM ausgebildet werden, wenn nur das IBS MA und der Hostrechner Daten untereinander austauschen müssen.

Die Signale sämtlicher Schnittstellen des nur 113 x 78 mm großen Boards stehen an zwei 58 poligen Pfostenleisten zur Verfügung. Bild 5.9 zeigt eine Abbildung des Boards, eine komplette Beschreibung ist in Form eines Handbuches über den INTERBUS-S-Club erhältlich.

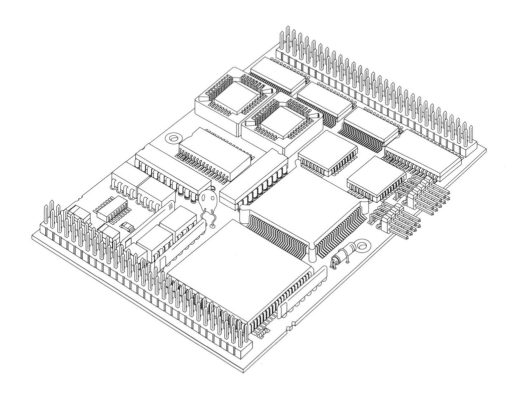

Bild 5.9 IBS Master Board

6 Konformitätstest und Zertifizierung

Damit in einem offenen System verschiedene Geräte unterschiedlicher Hersteller einwandfrei zusammenarbeiten können, muß sichergestellt sein, daß sich sämtliche Netzwerkteilnehmer an den jeweiligen Standard halten. Dies gilt grundsätzlich für jede Art von Netzwerk.

Sowohl für den DIN-Meßbus wie für den INTERBUS-S besteht für den Entwickler die Möglichkeit, sein fertiges Produkt durch eine unabhängige Institution prüfen zu lassen und das geprüfte Gerät dann mit einem entsprechenden Prüfzeichen zu versehen. Auf diese Weise kann der Endkunde sofort feststellen, ob er ein geprüftes und für den Einsatz mit dem jeweiligen System freigegebenes Produkt kauft.

6.1 DIN-Meßbus

Für den DIN-Meßbus wird die Prüfung von der Technischen Universität Chemnitz durchgeführt. Die Prüfung findet in einem DIN-Meßbus-Netzwerk mit mehreren normkonformen Teilnehmern statt. Geprüft wird:

- die Einhaltung des Busprotokolls,
- die in der Norm definierte ASCII-Zeichenübertragung,
- die Datenübermittlung am ungestörten Bussystem,
- Fehlerbehandlungsabläufe bei Störungen,
- Reaktionen des Prüflings auf normabweichende Protokollsequenzen.

6.2 INTERBUS-S

Für den INTERBUS-S wird die Konformitätsprüfung vom Fraunhofer-Institut für Informations- und Datenverarbeitung (IITB) in Karlsruhe durchgeführt. Der Konformitätstest besteht beim INTERBUS-S aus:

- einer Hardwareüberprüfung. Diese stellt sicher, daß für die Schnittstelle nur Standard-Bauteile verwendet werden, die eine einwandfreie Funktion gewährleisten.

- einer Funktionsprüfung der INTERBUS-S-Schnittstelle. Diese Prüfung stellt die Einhaltung des INTERBUS-S-Protokolls sicher und umfaßt auch eine Prüfung der PCP-Kommunikation, wenn der Prüfling diese Funktion besitzt.

- einer Prüfung der elektromagnetischen Verträglichkeit. Mit diesem Test wird ein sicheres Arbeiten in industrieller Umgebung sichergestellt. Die Grundlage für die Prüfung der elektromagnetischen Verträglichkeit ist die IEC-Norm 801-4.

Das erfolgreiche Bestehen des Konformitätstests ist nicht automatisch mit einer Zertifizierung verbunden. Dazu ist eine weitere neutrale Stelle eingerichtet, die diesen Vorgang abwickelt. Die Zertifizierungsstelle für den INTERBUS-S-Konformitätstest bildet der INTERBUS-S-Club in Baden-Baden.

Bezugsquellennachweis

Die folgende Liste von Firmen und Instituten erhebt keinerlei Anspruch auf Vollständigkeit.
Alle Angaben darin sind nach bestem Wissen gemacht und entsprechen dem Stand 03/93.

Informationen zu DIN-Meßbus:

	Anwendervereinigung DIN-Meßbus Appelstraße 9A	Telefon: (0511) 762-4673
W-3000	Hannover 1	Telefax: (0511) 762-3917
	Ansprechpartner: Dr. Wagner	

Informationen zu INTERBUS-S:

	INTERBUS-S-Club	
	Postfach 402	Telefax: (07221) 390191
W-7570	Baden-Baden	Telefax: (07221) 390191

	Phoenix Contact GmbH Abteilung INTERBUS-S-Support	
	Postfach 13 41	Telefon: (05235) 551644
W-4933	Blomberg	Telefax: (05235) 551154
	Ansprechpartner: Herr Martin Müller	

Materialsätze für die Interfacekarte:

	M. Rose EDV-Dienstleistungen	
	Zwingenberger Straße 35	Telefon: (06257) 7667
W-6104	Seeheim-Jugenheim	Telefax: (06257) 2339

Mikroprozessoren, Speicher, digitale und analoge Spezialfunktionen:

	EBV Elektronik	
	Schenckstraße 99	Telefon: (069) 785037
W-6000	Frankfurt	Telefax: (069) 7894458

	Semitron W. Röck GmbH	
	Im Gut 1	Telefon: (07742) 8001-0
W-7897	Küssaberg 6	Telefax: (07742) 6901
	Ansprechpartner: Herr Ebi	

| | Spoerle Electronic
Max-Planck-Straße 1-3 | Telefon: (06103) 304-0 |
| W-6072 | Dreieich | Telefax: (06103) 304 201 |

Bausteine für DIN-Meßbus:

| | MFP Meßtechnik und
Fertigungstechnologie GmbH
Theodor-Storm-Straße 3/3a | Telefon: (05031) 13790 |
| W-3050 | Wunstorf
Ansprechpartner: Herr Dr. Patzke | Telefax: (05031) 15687 |

| | M. Rose EDV-Dienstleistungen
Zwingenberger Straße 35 | Telefon: (06257) 7667 |
| W-6104 | Seeheim-Jugenheim
Ansprechpartner: Herr Rose | Telefax: (06257) 2339 |

Bausteine für INTERBUS-S:

| | Phoenix Contact GmbH
Postfach 13 41 | Telefon: (05235) 55-0 |
| W-4933 | Blomberg | Telefax: (05235) 551154 |

Miniatur-DC/DC-Wandler:

| | BICC-VERO GmbH
Postfach 61 03 40 | Telefon: (0421) 8407-0 |
| W-2800 | Bremen 61 | Telefax: (0421) 8407-151 |

| | Recom Electronic GmbH
Postfach 11 69 | Telefon: (06074) 33784 |
| W-6057 | Dietzenbach 1 | Telefax: (06074) 31860 |

| | RSC Electronic Components GmbH
Ludwigstraße 64 | Telefon: (069) 815114 |
| W-6050 | Offenbach | Telefax: (069) 8004291 |

Literaturverzeichnis

Wolf, Viktor: Datenaquisition mit 10 Bit Auflösung. Design & Elektronik 11/87

Herpy, Miklos: Analoge integrierte Schaltungen. München: Franzis, 1979

Lesea/Zaks: Mikroprozessor-Interfacetechniken. Würzburg: Vogel, 1983

Anonym: Datenblatt Mikroprozessor-Familie 65XX. California Micro Devices Corporation

Anonym: Maintaining Accuracy in High-Resolution A/D-Converters, The Handbook of Linear IC Applications. Burr-Brown Corporation

Anonym: Mitsubishi Series 740 User Manual Software. Mitsubishi Electric

Anonym: Linear Circuits Data Book. Texas Instruments

Anonym: Motorola Linear Circuits. Motorola

Hlasche, Hofer: Industrielle Elektronik-Schaltungen. München: Franzis, 1978

Anonym: Optoelectronic Product Catalog. Quality Technologies

Anonym: Microchip Data Book. Microchip Technology Inc.

Anonym: PIC17C42 Applikation Notes. Microchip Technology Inc.

Habiger, E.: Elektromagnetische Verträglichkeit. Heidelberg: Hüthig, 1992

Rose, M.: Steuer- und Regelungstechnik mit Single-Chip-Mikroprozessoren. Heidelberg: Hüthig, 1991

Rose, M.: Mikroprozessor PIC16C5X, Architektur und Applikation. Heidelberg: Hüthig, 1992

Rose, M.: Mikroprozessor PIC17C42, Architektur und Applikation. Heidelberg: Hüthig, 1993

Patzke, R.: Feldbusse im Griff. F+E Trendbuch 1992. Verlag Moderne Industrie, 1992

Patzke, M.: Schnittstellennorm für die Qualitätssicherung. Kontrolle (1991) 12, S. 12-16

Anonym: MFP-80C51-PD1T-Datenbuch. MFP GmbH

Anonym: Anwenderhandbuch SUPI II. Phoenix Contact GmbH

Anonym: Bericht über die Untersuchungen am INTERBUS-S-System. Essen: Rheinisch Westfälischer Technischer Überwachungsverein, 1989

Anonym: Dezentrale Installation mit INTERBUS-S. Sonderdruck elektro anzeiger 3/90

Anonym: Industrielle Feldbussysteme. Sonderdruck MSR Magazin 11-12/90

Anonam: Der INTERBUS-S und sein Anwendungsspektrum. Sonderdruck messen & prüfen 5/92

Stichwortverzeichnis

2-Leiter 151, 156, 178, 193, 208
2-Leiter-Protokoll 173
2-Leiter-Übertragung 152
8-Leiter 150, 156, 160, 178
8-Leiter-Protokoll 152, 173

A

A/D-Wandler 92, 126, 135, 215, 221
Abfrage 18
Ablaufsteuerung 47, 153
Abschaltbefehl 33
Abschirmung 25
Abschlußphase 53
Absicherung 54
Abtastfrequenz 15, 16
Abtastrate 19, 35
Abtasttheorem 15
Abtastung 15, 29, 139
ACK 42
Acknowledge 155
Adapterkabel 193, 208
Adernpaar 148
Adreßbus 82, 183, 196
Adreßdecoder 196
Adreßdekodierung 203
Adresse 46, 194
Adressierung 146
Adreßraum 202
aktiv 14
aktive Ankopplung 146
Aktor 11, 134, 145, 216
Aktordaten 18
Aktualisierung 15
Alarmausgang 155
Alarmmeldung 16, 18, 34, 179
Alarmschaltung 16, 34
Alarmsystem 18
Alterung 213
Amortisation 33
analoge Busklemme 154
analoge Kommunikationsbusklemme 154
analoges Kommunikationsmodul 154
analoges Modul 154
Analoginterface 135
Analogmultiplexer 218
Anforderung 15
Anforderungsprofil 16
Anlagenstruktur 19
Anlagenverdrahtung 11
Anschlußkabel 39
Antriebe 145
Antriebssteuerung 16
Antwort 53
Antwortüberwachungszeit 48, 53, 59
Antwortzähler 59, 62
Antwortzeit 34
Anwender 19
Anwendung 19
Anwendungsschicht 16
Applikation 146, 172, 213, 220
äquidistant 15
Arbitrierungslogik 198
ASCII 42, 57, 61, 227
ASI 20
ASIC 130, 165
asynchron 106, 152
asynchrone Datenübertragung 148
Aufbau 199
Aufforderung 56
Aufforderungsphase 46, 48
Aufforderungszähler 59, 62
Auflösung 213
Ausgangsdaten 153
Ausgangssignal 37
Ausgangsstecker 175
Ausschaltverzögerung 192
Auswertung 55
Automatisierung 11, 20, 33
Automobil 23

B

Baudrate 72, 95, 103, 107, 110, 194
Baudraten-Generator 78, 80, 86
Bauelemente 199
Bauteilreferenz 156
BCC 54
BCD-Daten 140
Bediengeräte 145
Befehlszyklus 194
Bestückung 199
Bestückungsplan 200
Betriebsart 103, 107, 136,
. ... 178, 203, 208
Betriebsart I/O 180
Betriebserde 38, 39
Betriebssystem 198
Betriebsüberwachungszeit 48, 53, 60
bidirektional 109
Bildschirm 203
binär 18
Binärdatenübertragung 42
BIOS 203
Bit 11
BITBUS 21
Bitmuster 18
Bitrate 15
Blockprüfzeichen 53, 54, 58
Buffer 158, 172, 195
Bündelfehler 156
Bus 17
Bus-Master 193
Busabschluß 41
Busausnutzung 17
Busbelastung 17
Busklemme 148, 173, 178, 191, 222
Busleitung 18
Busmanagement 17, 25, 34, 207
Busmaster 14, 16, 142, 153, 203
Busprotokoll 15, 130
Busstecker 174
Bussteckeranschlüsse 201
Busstruktur 18
Bussystem 11, 33
Buszugriff 16, 153
Buszugriffsverfahren 15

C

CAN 22
Checksequenz 153, 178, 185, 187
CMOS 80, 86, 143, 147, 160, 165
CPU 193
CR-Signal 153
CRC 156
CRC-Fehler 154
CRC-Generator 156
CRC-Tester 156
CSMA/CD-Verfahren 17

D

D-SUB-Stecker 193
Daten 15
Datenaustausch 153, 185, 193
Datenbereich 18
Datenblock 45, 49
Datenbreite 154, 180, 182, 190
Datenbus 183, 194, 198
Datenbustrennung 195
Dateneingabe 35
Datenleitung 48
Datenmenge 15, 16, 35
Datenquelle 53
Datenrate 15, 195
Datenregister 185
Datenrichtung 132
Datensenke 46, 53
Datensicherheit 15, 16, 19, 33
Datensicherung 19, 54, 156
Datensignal 37
Datentyp 204, 209
Datenübermittlungsphase 51
Datenübertragung 13, 52, 153, 221
Datenverkehr 16, 45
Datenzyklus 153, 187
DBIBTEST.EXE 203
DC/DC-Wandler 36, 71, 73, 148,
. ..... 164, 176, 195, 202
Dezentralisierung 35
Diagnosefähigkeit 155
Diagnosefunktion 146
Diagnosesignale 190
differentielle Datenübertragung 63

Stichwortverzeichnis

Differenzsignal 147
digitale Busklemme 154
digitale Kommunikationsbusklemme 154
digitales Kommunikationsmodul 154
digitales Modul 154
DIL 127
DIN-Meßbus 24, 33
DIN-Meßbus-Netzwerk 203
DIN-Meßbus-Protokoll 130
DLE 43
DMB.TPU 204
DMB16541 138
DMB16551 131
DMB16552 140
DMB16711 135
DMB17421 142
DMBinit 204
DMBread 207
DMBsend 205
DMBtest 206
Dual-In-Line-Gehäuse 92
Durchgangsprüfer 201

E

Echtzeit 11, 105
Echtzeitanwendung 103
echtzeitfähig 17, 18, 31
EEPROM 92
Effizienz 16, 145, 148
Eingabezyklus 153
Eingangsdaten 153
Einheitssignale 215
Einsatzzweck 19
Einzelereignis 17
Empfänger 36, 38, 67, 106, 131,
.... 149, 157, 161, 195
Empfangsadresse 47
Empfangsaufruf 46, 48, 204
Empfangsbereitschaft 56, 62
Empfangskanal 41
Empfangsleitung 39
Empfangsprogramm 56
Empfangsregister 108
Endezeichen 51
Endgeräte 145
ENQ 42

EOT 42
EPROM 103, 126, 159, 193
Ereignis 16
ETB 43
ETX 42

F

FAIS 26
Fehler 15, 52, 56, 155, 190, 221
Feldbus 11
Feldbusprotokoll 193
Feldgeräte 16
Fernbus 147, 155, 173, 208, 222
Fernbus-Teilnehmer 176
Fernbusanschluß 150
Fernbuskabel 192
Fertigungszelle 21
Festplatte 203
FIP 26
Flexibilität 11
Flip-Flop 157, 198
Freilaufdiode 221
Frequenz 15
Frequenzteiler 131
Funktionstabelle 65

G

galvanische Trennung 25, 36, 71,
.... 148, 195, 222
galvanische Verbindung 202
Geräte 63, 126, 227
Geräteadresse 51, 55, 131,
.... 146, 204, 214
Gerätekompatibilität 34
Gerätestromversorgung 73, 164, 176
Glasfaser 26
Gleichspannung 73
Grundzustand 56
Gruppenempfang 48, 56, 63

H

Halb-Duplexverbindung 106
Halbleitersensor 213
Handhabung 33
Hauptleitung 35, 39
HCMOS 92
hochohmig 41

I

I/O-Access 188
I/O-Signale 15
IB.TPU 209
IBinit 209
IBtransfer 211
Identifikationscode 153, 165
Identifikationsdaten 153
Identifikationszyklus 153, 187
IEC-Feldbus 27
IN-Register 185
Inbetriebnahme 201
Industriepegel 221
Information 17, 35
Informationsübertragung 42
Informationsverarbeitung 34
Initialisierung 17
Installation 11
Installationsbus 150
Installationsfernbus 151, 179
Integrationsgrad 92
Integrität 56
intelligenter Sensor 35
InterBus-S 28
InterBus-S-Club 159
InterBus-S-Master 182
InterBus-S-State 187
InterBus-S-Zyklus 180
Interface 20, 173, 195
Interfacekarte 193
Interrupt 77, 97, 105, 183,
.... 184, 193, 198, 199, 221
Interrupt-Event I 186
Interrupt-Event II 186
Interruptbetrieb 185
Interruptquelle 103
Inverter 157

Investitionen 33

K

Kabel 39, 148, 150
Kartenadresse 197, 202, 210
Kennung 18
Kleinspannung 12
Koaxkabel 26
Kodierschalter 196, 202, 219
Kollision 17, 18
Kommunikation 11, 15, 16, 146, 186
Kommunikationsdienste 146, 203
Komparator 157
Kompatibilität 21, 34
Konfiguration 132, 172, 180, 203, 208
Konfigurationseingang 167
Konflikt 17
Konformitätstest 156, 227
Kontrolldaten 155
Kontrolle 201
Kontrollwort 153, 156
Konvertierung 178
Kosten 12

L

Ladesignal 190
Lagerhaltung 12
Längeneintrag 188
Laptop-Computer 193
Lastkapazität 172
Latch 158, 194
Latch-Phase 185
Leistungsaufnahme 92
Leistungsschalter 217
Leistungstransistor 221
Leiterbahnen 199
Leiterplatte 193, 199
Leitrechner 21, 134
Leitstation 34, 39, 47
Leitung 12
Leitungsabschluß 13, 41
Leitungskapazität 150
Leitungslänge 14, 36, 146
Leitungstreiber 64, 92, 157, 160
Leitungswiderstand 150

Stichwortverzeichnis

Leseoperation 199
Lesesignal 183, 198
Leuchtdiode 163, 192
Lichtwellenleiter 32
Linearisierung 213
Linie 13
Linienstruktur 35, 146
Linienverbindung 19
Logikbaustein 159
Lokalbus 155
Lötstopmaske 199

M

M37450M 126
Magnetventil 134, 145, 216, 221
Manchester 20
MAP 26
Markerbit 152
MAS 29
Maschinenbau 23
Maschinendatenerfassung 19
Master/Slave-System 109
Master/Slave-Verfahren 16
MC68HC11 92
Mehrfachabtastung 29
Meldeausgang 167
Meldeeingang 167
Meßaufbau 134
Meßgeräte 33
Meßsignal 15
Meßverfahren 213
Meßwert 11, 15
Meßwerterfassung 218, 221
MFP80C51-PD1T 143
Microcontroller 91
Mikroprozessor 15, 35, 55, 146, 159,
.... 173, 183, 192, 193, 213
Mikroprozessor-Interface 183
Mikroprozessorbus 75
Mikroprozessorüberwachung 157
Mips 193
Mittelwert 137
Modul Status 154
Modulfehler 167, 191, 192
Modultyp 154
Multi-Task-Verwaltung 144

Multifunktionspin 165, 178, 222

N

Nachfolger 17
Nachricht 53, 132, 205
Nachrichtenorientierte Verfahren 18
Näherungsschalter 20, 134, 145
NAK 43
Nand-Gatter 157
Negative Rückmeldung 46, 57
Nettodatenrate 153
Netzanschluß 164
Netzstecker 202
Netzteil 202
Netztransformator 73
Netzwerk 14, 17, 227
Netzwerktopologie 13
Nibble 138
Normung 33
Notfall 33
NTC 213
Nutzbandbreite 15
Nutzdaten 34, 148
Nutzdatenlänge 16
Nutzinformation 138
Nutzungsgrad 145

O

Open-Collector 18
Optokoppler 36, 71, 72, 148, 157,
.... 163, 176, 195, 202, 217, 221
Oszillatorfrequenz 107
Oszilloskop 202
OTP-Version 103
OUT-Register 185
Out-Register 180

P

P-NET 30
parallel 13
parallele Verkabelung 146
Parameter 145
Parameterübertragung 146
Parametrierung 15, 16, 136

Parität 75
Paritätsbit 42, 47, 54
Paritätsfehler 58
Parity 47, 75, 82, 107
passiv 14
PC 193, 196, 201
PCP 145, 185, 186, 189, 192
Pegelanpassung 220
Pegelwandler 73, 163
Peripheriebaustein 183
Peripheriebus 147, 152, 161, 173, 222
Peripheriebus-Teilnehmer 174
Phototransistor 163
PIC16C71 ....218, 221
PIC17C42 .... 102, 193
PLCC 165
PLCC-Gehäuse 80, 86, 92
Polling 16, 20, 58, 59, 187
Polynom 156
Polynomreste 156
Positive Rückmeldung 46, 56
Priorität 18, 27, 34, 47, 59
Produktion 19, 33
PROFIBUS 31
Programm................... 55, 203, 204
Programmiersprache 55
Protokoll 17
Protokollbit 148
Protokollchip 159, 165
Protokolloverhead 15, 145
Protokollsoftware 145
Protokollstruktur 16
Prozeß 11
Prozeßabbild 16, 146, 193, 207, 211
Prozeßdaten 145
Prozessorbelastung 33
Prozeßrechner 11
Prozeßsteuerung 35, 145
Prüftechnik 34
Prüfzeichen 54, 227
PTC 213
Pull-Up-Widerstand 18

Q

QFP 127, 165
Qualität 19, 199
Qualitätssicherung 19
Quarz 172
Quarzfrequenz 83, 95, 108, 131
Quarzoszillator................. 159, 194, 202
Querverkehr 16, 33, 51, 60, 142
quittierte Datenübertragung 16
Quittierung 25
Quittung 60, 167
Quittungsbetrieb 19

R

RAM 92, 103, 126, 142, 159, 193
Reaktionszeit 16, 17, 34, 53
Rechenleistung................................. 105
Rechnervernetzung 33
Rechtecksignal 163
Referenz 213
Regelkreis 11, 15, 18
Regelungstechnik 91
Registererweiterung 190, 221
Regler.. 145
Rekonfigurationsanforderung 154
Remotebus 192
Repeater 22, 25, 146, 147
reproduzierbar 16
Reset 78, 132, 155, 165,
 .... 175, 186, 219
Ring 14, 18
Ringstruktur 14, 145, 146, 147
RISC 193
RISC-Mikroprozessor 102
RS 232 .... 86, 106
RS 422 157
RS 485 ..... 36, 63, 86, 146, 157, 160, 195
RTCC 105
Rückkanal 33, 41
Rückmeldung.............................. 46, 204
Rückspeisung 221
Rückweg 175
RX 107

S

Schaltung 193
Schaltzeit 72
Schieberegister 18, 154, 157, 167,
  .... 178, 190, 221
Schiebetakt 190
Schirm 39
Schmitt-Trigger 157, 181
Schnittstelle 19, 103
Schreibkommando 133
Schreibsignal 183
Schutzbeschaltung 221
Schütz 145
Segment 147
Segmentierung 148, 163
Select-Signal 153
Sendeadresse 47
Sendeaufruf 46, 48, 133
Sendebereitschaft 58
Sendeerlaubnis 27
Sendekanal 33, 41
Sendeleitung 39
Sendeprogramm 58
Sender 36, 37, 106, 131, 148, 195
Senderecht 18, 27, 48, 56, 58
Senderfreigabe 195
Sendetransistor 18
Sensor 11, 15, 33, 134, 145, 213, 216
Sensordaten 18
Sensorkennlinie 213
SERCOS 32
seriell 13
serielle Schnittstelle 92, 194
Service 11
Set I-Register 185
Shannon 15
Sicherheit 11, 33
Signalaufbereitung 14, 15, 195
Signalfluß 175
Signalgeber 134
Signalpegel 63
Signalverarbeitung 15
Single-Chip 91, 126
SMD 80, 86, 92, 157
Software 55, 184, 188
SOH 42

Spannungsschnittstelle 36, 135
Spannungsspitzen 221
Spannungsversorgung 175
Speicherlogik 195
Speicherregister 190
Speicherzugriff 194, 198
SPS 146
Standard 227
Startbit 42, 108, 152
Startzeichen 57, 60
Statusabfrage 34
Statusbit 152
Stecker 12, 148
Steckerbelegung 34, 39, 208
Steckverbindung 39, 150
Steuerleitung 12, 37, 156, 178
Steuerleitungen 183
Steuersignal 152
Steuerung 11
Steuerungstechnik 19
Steuerzeichen 45, 52, 57, 137
Stichleitung 13, 19, 35, 39, 173
Stichleitungslänge 36
Stillstandszeit 146
Stopbit 42, 75, 106, 108, 152
Stoppolarität 41
Störbeeinflussung 19
Störempfindlichkeit 15, 35
Störfall 52
Störimpuls 29
Störsicherheit 29
Störsignal 181
Störung 11, 15, 33, 186, 190
Störungsfall 146
Strategie 15
Strobe-Signal 64
Strombedarf 74
Stromschnittstelle 135
Stromversorgung ... 36, 73, 148, 164, 195
Struktur 13
Stückzahlerfassung 35
STX 42
Subring-Systeme 147
Summenrahmentelegramm 145, 153
Summenrahmenverfahren 18
SUPI I 165
SUPI II 165, 220

synchron 106
Synchronisation 52, 57, 185, 194
Systemkosten 15

T

Taktfrequenz 103, 172, 193
Taktleitung 173, 178
Taktoszillator 172, 194
Technologie 19
Teilerfaktor 110, 137
Teilnehmer 11, 16, 146
Teilnehmeradresse 47, 204
Teilnehmerprogramm 55
Teilnehmerschaltung 36
Telegramm 18, 20, 50
Temperaturerfassung 213
Terminal 35
Thermoelement 213
Timer 92, 103, 126, 194
Token-Passing 17, 26, 31
TPC.EXE 204, 209
Transceiver 157, 195
Transformator 36, 148
Trapezsteckverbinder 39
Treibersoftware 204, 209
TTL-Signal 37, 148
Turbo Pascal 6.0 .... 204, 209
Turbo-Pascal 204, 209
TURBO.EXE 204, 209
twisted pair 63
TX 107

U

Überlast 37
Übermittlungsphase 46, 47
Übernahmesequenz 156
Übernahmesignal 167
Überprüfung 53
Überspannung 218
Übertragungsfehler 54
Übertragungsformat 42, 152
Übertragungsgeschwindigkeit 16
Übertragungsleitung 18
Übertragungsmedium 33

Übertragungsrate 13, 45, 53, 131,
. ... 153, 163, 215
Übertragungssicherheit 16
Übertragungsstrecke 13, 33, 163
Überwachungsschaltkreis 175
Unit 204, 209
Update 185

V

Verbindung 13
Verbraucher 12
Verdrahtung 11
verdrillt 39, 63
Vergleicher 196
Vernetzung 19
Versorgung 12, 39, 73
Versorgungsspannung 175, 178, 201
Verstärker 14, 33, 36
Verwaltung 17, 55
Verzerrung 163
Verzögerungszeit 72
Vierdrahtbus 33
Vierdrahtleitung 33, 35
Vierdrahtverbindung 25
Voll-Duplex 25, 80
Voll-Duplex-Betrieb 146
Voll-Duplex-Verbindung 64, 92, 106

W

Wandlungszeit 136
Wartezeit 17
Wartungsfreundlichkeit 146
Watchdog 186, 189, 192
Weiterverarbeitung 15
Wellenwiderstand 24
Werkzeugmaschinen 26
Widerstandsfühler 213
Wortbreite 107

X

XT-Stecker 195

Z

Zähler 138
Zählfrequenz 139
Zeit 12
Zeitbilanz 156
Zeitmessung 213
Zeitraster 15
Zertifizierung 227
Zugriff 17
Zugriffsberechtigung ... 17, 198
Zugriffssignal 198
Zustandsabfrage 53
Zuverlässigkeit 19
Zweidrahtleitung 33
zyklisch 16, 18, 27
Zyklus 153
Zykluszähler 186
Zykluszeit 15, 146

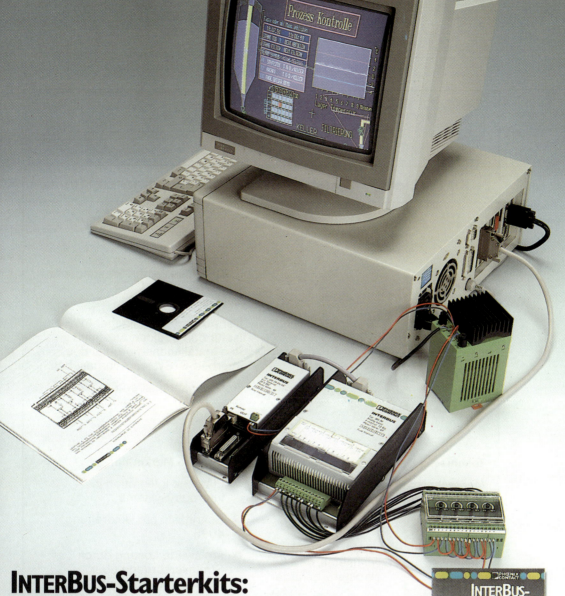

INTERBUS-Starterkits:
Feldbus-Probefahren zum Spartarif

Probieren geht über Studieren! Ob INTERBUS zu Ihrem Steuerungskonzept paßt, können Sie jetzt zu Sonderpreisen zwischen 2 und 4 TDM auf Ihrem eigenen Schreibtisch testen.

In drei handlichen Koffern haben wir alles verpackt, was Sie zur Feldbus-Probefahrt benötigen – mit Ausnahme der SPS oder des PCs natürlich.

IBS-PC-Kit: PC-Anschaltkarte, Analog-Eingabemodul, Netzteil, Analogsimulator und Software (wie im Foto): DM 1.920,-*

IBS-S5-Kit: S5-Anschaltbaugruppe, digitale Ein-/Ausgabemodule, Netzteil und E/A-Simulator: DM 2.800,-*

IBC-EST-Kit: PC-Anschaltkarte, Analog-/Digital-E/A-Modul, Netzteil, E/A-Simulator und Software: DM 3.900,-*

IB-Starterkits enthalten nicht etwa abgemagerte Demo-Hardware, sondern vollwertige INTERBUS-Komponenten, die in jeder Installation verwendbar sind. Falls Sie sofort bestellen möchten, genügt eine formlose Bestellung (für IBS-PC-Kit und IBC-EST-Kit die verwendete Hochsprache angeben!).

Wenn Sie mehr wissen müssen, sollten Sie den rechts nebenstehend abgebildeten Prospekt anfordern (alles auch per Fax 05235/55-1154). *Alle Preise zzgl. MwSt.

Dieser informative Prospekt kann schon bald auf Ihrem Schreibtisch liegen, wenn Sie uns heute noch Ihre Anschrift mit dem Stichwort "Starterkits" zufaxen. Wir sind auch zu sprechen: 05235/55-1628.

Phoenix Contact, Postfach 13 41, 4933 Blomberg, Telefon 05235/550

– Ihr Partner für Industrie-Elektrik und Industrie-Elektronik

**EUCHNER-Absolut-Winkelgeber
Baureihe PWF-SI
Bestell-Nr. 055 300**

Der Absolut-Winkelgeber PWF-SI ist für den direkten Anschluß an den Installations-Fernbus des Interbus-S-Systems vorgesehen.

Trotz der kompakten Bauform braucht der Anwender keine Zusatzgeräte.

Technische Daten:

Meßtechnische Parameter.
Schrittzahl pro Umdrehung: 4096
Meßschritt (Auflösung) @: 0,08°
Fehlergrenze: @/2

Mechanische Parameter:
Gehäuse: Leichtmetall, 67 x 80
Welle: Nirostahl, gehärtet
Masse: 0,5 kg
Arbeitstemperatur: 0 °C .. +70 °C
Lagertemperatur: −25 °C .. +85 °C
Schutzart nach DIN 40050: IP 65

Elektrische Parameter:
Betriebsspannung: 12 V DC
Betriebsstrom max.: 250 mA

Zubehör:
9poliger Rundsteckverbinder mit **Stiftkontakten** (Best.-Nr. 057 551)
9poliger Rundsteckverbinder mit **Buchsenkontakten** (Best.-Nr. 057 552)

Besondere Merkmale:

- Einfache Integration in Interbus-Systeme
- Schrittzahl pro Umdrehung: 4096
- Preiswerte Lösung durch Stromversorgung über Installations-Fernbus
- galvanische Trennung für einwandfreie Funktion wird im Winkelgeber durchgeführt

Lieferbar: ab März 1993

Bitte fordern Sie unseren Katalog „Winkelgeber" an.

EUCHNER + CO.

Werke für Industrie-Elektrik und Industrie-Elektronik
D-7022 <70745> Leinfelden/Stuttgart, Kohlhammerstraße 16
Telefon: 0711/75 97-0, Telefax: 0711/75 33 16

DIN-Meßbus

DIN 66348

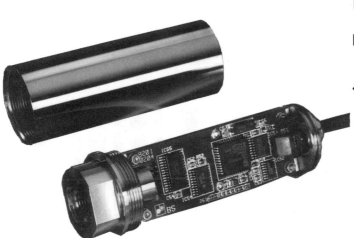

Wir bieten
Komponenten und Systemlösungen
für Ihre
DIN-Meßbus-Instrumentierung

- DIN-Meßbus kompatibler Drucksensor
  Meßbereiche 0 ... 10 bar bis 0 ... 1000 bar
  Meßfehler < 0,1 % (< 0,25 %)
- Anschalteinheit für alle DMS-, Pt 100-Sensoren
- Selbstkalibrierung
- Selbstdiagnose mit Kontrollanzeige
- DIN-Meßbus-Anschluß - genormt
- Hohe Übertragungsgeschwindigkeit
  und hoher Störabstand

Mehr zu dieser richtungsweisenden Entwicklung
unter Tel.: (07224) 645-57 oder -78

burster präzisionsmeßtechnik gmbh & co kg · Talstraße 1-7 · D-7562 Gernsbach

A 247

Wir setzen Maßstäbe in Technik und Design

VPC, der erste Industrie-PC mit Color LCD

Ein Profi-Industrie-PC der Superlative. Leicht (nur 10 kg). Flach (nur 150 mm tief). Brillante Farben und pixelgenaues Bild. Betriebsspannung 220 V= und Schutzart IP 65. DOS-Betriebssystem für die Anwendung der weltweit verfügbaren Software. Idealer kann ein PC für den maschinennahen Einsatz nicht sein.

PCS hat das Bedienen revolutioniert

Eine Hardware für tausend unterschiedliche Bedienaufgaben. Mit 4000 Schalt-, Anzeige- und Bedienelementen realisieren Sie jede Bedienung. Heute so und morgen anders. Die Bedienkonsole PCS paßt (über ein 4adriges Kabel) kompromißlos zu Ihrer SPS. PCS – ein perfektes Werkzeug zum Bedienen: für den Steuerungsprofi und den Mann an der Maschine.

Textanzeigen LCA zeigen, was läuft

Produktionsunterbrechungen wegen Maschinenstörungen kosten Geld, viel Geld. Können Sie sich wirklich noch leisten, Störungen mit ein paar roten Lampen zu melden!?

Systeme Lauer GmbH
Postfach 1465
D-7440 Nürtingen 1
Tel 07022/8091-8094
Fax 07022/31210

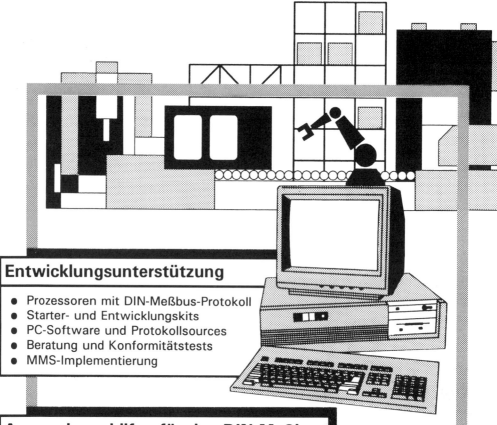

Entwicklungsunterstützung

- Prozessoren mit DIN-Meßbus-Protokoll
- Starter- und Entwicklungskits
- PC-Software und Protokollsources
- Beratung und Konformitätstests
- MMS-Implementierung

Anwendungshilfen für den DIN-Meßbus

- PC-Steckkarten mit und ohne Prozessor
- Intelligente Leitstationen mit V.24-Anschluß
- Schnittstellenwandler zur Pegel- und Protokollanpassung von SPS, NC, anderen Steuerungen und Geräten mit gängigen Schnittstellen
- Sonstige Netzwerkkomponenten

Feldgeräte mit DIN-Meßbus-Schnittstelle

- z.B. Zähler *)
- z.B. Analog-Erfassungseinheit
- z.B. Induktivtasteranschluß für LVDT und Halbbrücken

*) 8-Kanal-Zähler bis 1 MHz 24VDC Versorgung Metallgehäuse **DM 950,-** +Mwst.

MFP Meßtechnik und Fertigungstechnologie GmbH
Theodor-Storm-Str. 3/3a * W-3050 Wunstorf 1
Tel. 05031/13790 * Fax 05031/15687

A 249

MESSTECHNIK

Handterminal "Term-11"

Das Joker-System

bietet flexible Lösungen für die rechnergestützte Meß- und Prüftechnik. Vom einzelnen Modul bis zum kompletten System sind wir Ihr Partner.

Das Joker-Geräteprogramm

Das Standard-Programm umfaßt Geräte für unterschiedlichste Aufgabenstellungen.

- Netzgeräte
- elektronische Lasten
- Stelltransformatoren
- Multimeter
- Universal-Meßmodule
- Zähler
- I/O-Controller
- Relais-Koppelfelder
- Anschaltgeräte für mech. Meßmittel
- Positioniermodule
- Isolationstester
- Handterminals

Netzgerät "PPM-60"

Das Joker-PCU-System

Anwendungsspezifische Geräte lassen sich problemlos mit dem PCU-System zusammenstellen. Eine Vielzahl von Baugruppen öffnet unzählige Möglichkeiten

- CPU-Module
- Eingangsmodule
- Ausgangsmodule
- A/D-Wandler
- D/A-Wandler
- Schaltanalysator
- Milliohm-Meßmodul
- Multimeter-Modul
- Relais-Module
- Transientenspeicher

PCU-Baugruppe "CPU-32"

DIN-Meßbus

Applikationen:

- Serienprüfstände für Näherungsschalter
- Lebensdauerprüfstände für Schalterkontakte
- Rechnergestützte Labormeßplätze
- ... und Ihre individuelle Aufgabenstellung

lassen Sie sich beraten von . . .

RABE Messtechnik Weilhauweg 8 W-7402 Kirchentellinsfurt Tel. 07121/68472 FAX 07121/68474

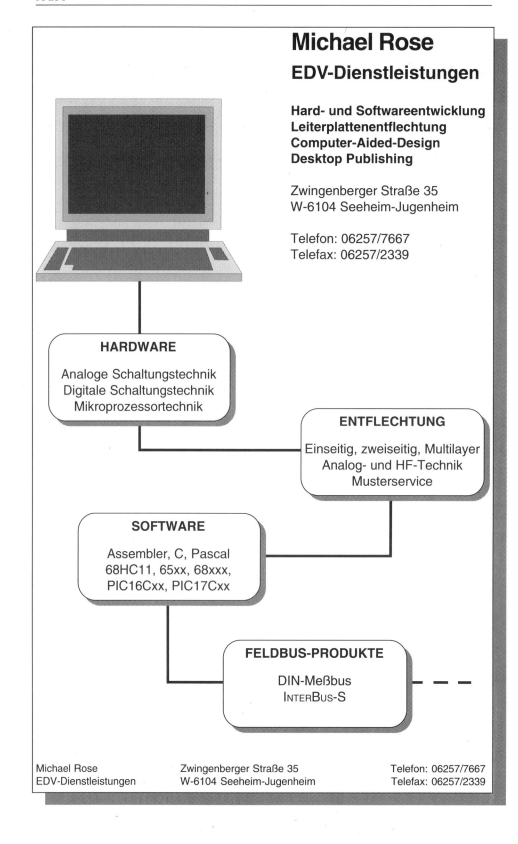

Michael Rose

Mikroprozessor PIC16C5X

Architektur und Applikation

1992. 207 S. Gb. DM 130,—
ISBN 3-7785-2169-1

Bei diesen Mikroprozessoren der Fa. Microchip Technology handelt es sich um die ersten Single-Chip-Prozessoren mit einer RSIC-Architektur. Die daraus resultierende extrem hohe Rechengeschwindigkeit von bis zu 5 MIPS eröffnet neue Anwendungsbereiche für Single-Chip-Bauelemente. Anhand zahlreicher Applikationsbeispiele wird der Einsatz dieser integrierten Schaltungen in konkreten Anwendungen erläutert.

Das Buch enthält Diskette und Leiterplatte, um die mitgeteilten Erfahrungen unmittelbar gewinnbringend in die berufliche Praxis umsetzen zu können. Auf der Diskette befinden sich alle Quellcodes der beschriebenen Beispielsapplikationen sowie der original PICALC-Assembler und der PICSIM-Simulator. Die Leiterplatte umfaßt die Verdrahtung für den Betrieb des Bausteins und gestattet damit den Aufbau aller im Buch vorgestellten Applikationen.

Diese Ausgabe ist für den sofortigen praktischen Einsatz vorgesehen und gewährt durch die unmittelbare Know-how-Übertragung einen unschätzbaren Entwicklungsvorsprung. Als Nutzer kommen vor allem Entwicklungsingenieure in der Industrie, der Hochschule und an Forschungseinrichtungen, aber auch professionelle und private Erfinder in Frage.

Hüthig

Hüthig Buch Verlag
Im Weiher 10
W-6900 Heidelberg 1

Hüthig

Michael Rose

Steuer- und Regelungstechnik mit Single-Chip-Mikroprozessoren

Am Beispiel des MC68HC11

1991. 317 S. Gb. DM 138,—
ISBN 3-7785-2063-6

Für den Übergang von konventioneller analoger und digitaler Steuer- und Regelungstechnik hin zum Einsatz des Single-Chip-Mikroprozessors als zentrales Steuerelement bietet das Buch das notwendige Wissen in kompakter Form. Am Beispiel des Motorola-Mikroprozessors MC68HC11 wird die interne Struktur und der Befehlssatz moderner Single-Chip-Mikroprozessoren detailliert dargestellt. Hierbei wird vor allen Dingen auf die für die praktische Anwendung wichtigen Elemente wie Ports, Timer, A/D-Wandler und Schnittstellen eingegangen, die Beschreibung praxiserprobter externer Schaltungen zur Meßwerterfassung erleichtern die Einarbeitung in diese moderne Technologie.

Zur praktischen Erprobung liegt dem Buch eine bestückbare Emulationsplatine bei, mit der eigene Versuchsaufbauten durchgeführt werden können. Eine Diskette enthält die dazu notwendige Software: Cross-Assembler, Betriebssystem und Programmbibliothek.

Mit diesem Buch gelingt der leichte Einstieg in die mikroprozessorgesteuerte Meß-, Steuer- und Regelungstechnik. Dies gilt sowohl für den Hobby-Elektroniker oder Studenten, wie auch für den Ingenieur, der sich ohne große Kosten für teure Emulationssysteme mit dem Single-Chip-Mikroprozessor vertraut machen will.

Hüthig Buch Verlag
Im Weiher 10
W-6900 Heidelberg 1

Inserentenverzeichnis

INTERBUS-S

Phoenix Contact GmbH & Co.
Postfach 13 41
D-4933 Blomberg .... A 243

Euchner + Co.
Werke für Industrie-Elektrik und Industrie-Elektronik
Kohlhammerstraße 16
D-70 22 <70745> Leinfelden .... A 244

Datalogic GmbH
Uracher Straße 22
D-73268 Erkenbrechtsweiler .... A 246

Elektronik Systeme Lauer GmbH
Postfach 14 65
D-7440 Nürtingen 1 .... A 247

DIN-Meßbus

burster präzisionsmeßtechnik gmbh & co kg
Talstraße 1-7
D-7562 Gernsbach .... A 245

MFP Meßtechnik und Fertigungstechnologie GmbH
Theodor-Storm-Straße 3/3a
D-3050 Wunstorf 1 .... A 248

Rabe Meßtechnik
Weilhauweg 8
D-7402 Kirchentellinsfurt .... A 249

Michael Rose
EDV-Dienstleistungen
Zwingenberger Straße 35
D-6104 Seeheim-Jugenheim .... A 250